SIMPLY

CHEMIE

DK

BERATUNG
Andy Extance verlegte nach sechseinhalb Jahren Arzneimittelforschung seine berufliche Tätigkeit ganz auf das wissenschaftsjournalistische Schreiben. Ihn interessiert alles rund um die Chemie, von der Umwelt bis zum Weltall, von Lebensmitteln bis zur Kernfusion, von der Photovoltaik bis zum Riechen.

BEITRÄGE
Victoria Atkinson berichtet als Wissenschaftsjournalistin zum einen in Magazinen wie *Chemistry World* und *Live Science* über die aktuelle chemische Forschung, teilt aber zum anderen ihre Begeisterung für die Wissenschaft auch in populärwissenschaftlichen Büchern für alle Altersstufen.

Kat Day promovierte in Chemie an der University of Nottingham und unterrichtete dann das Fach 15 Jahre lang an allgemeinbildenden Schulen. Derzeit arbeitet sie als Redakteurin und schreibt sowohl belletristische als auch Sachbücher.

Rebecca Mileham studierte am Imperial College London Physik und Wissenschaftskommunikation. Nach zehn Jahren Tätigkeit am Science Museum in London verfasst sie heute Texte für internationale Ausstellungen und schreibt Wissenschaftsbücher zu aktuellen Themen aus Chemie, Physik, Technik und Kultur.

INHALT

ATOME

STOFFE

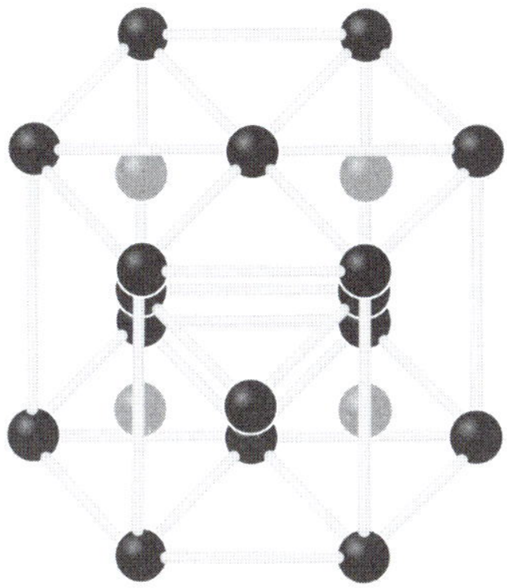

CHEMISCHE PROZESSE

ANALYTISCHE CHEMIE

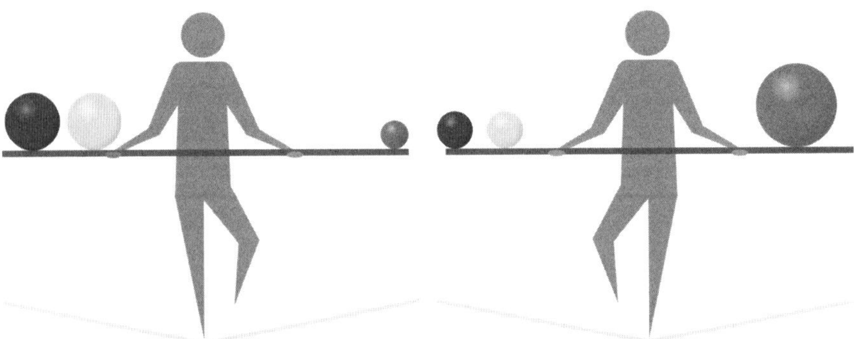

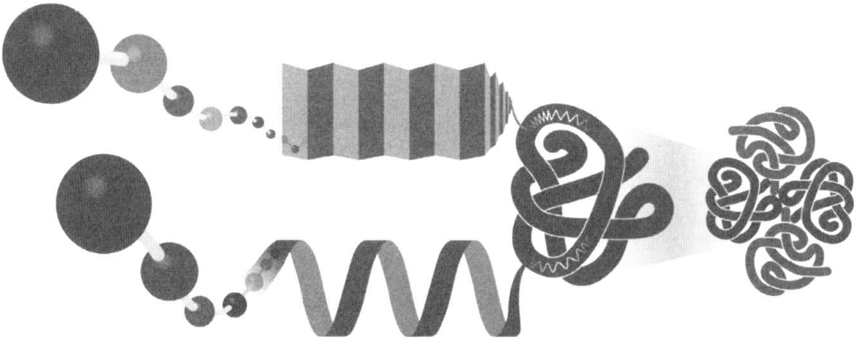

BIOORGANISCHE CHEMIE

NATURSTOFF-CHEMIE

TECHNISCHE CHEMIE

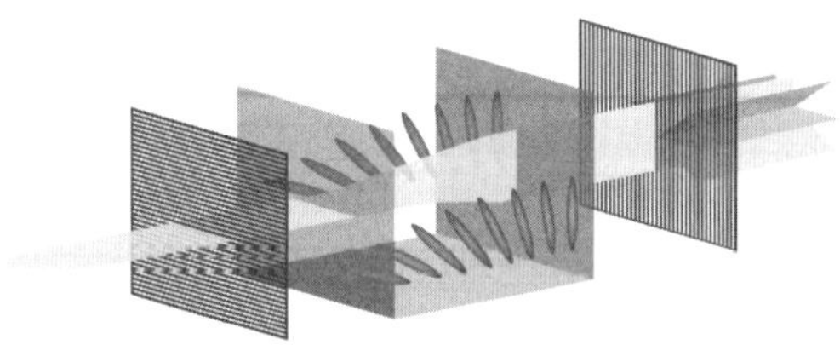

WAS IST CHEMIE?

Alles ist Chemie! Wir Menschen sind aus den chemischen Elementen Sauerstoff, Kohlenstoff, Wasserstoff und Stickstoff aufgebaut. Eine Buchseite ist ganz ähnlich, denn Papier besteht aus Cellulosefasern, miteinander vernetzten Kohlenstoff-, Wasserstoff- und Sauerstoffatomen. Alles, was wir sehen können, ist chemisch aufgebaut. Chemische Stoffe sind aber auch Dinge, die so klein sind, dass sie für uns unsichtbar erscheinen. Luft besteht zum größten Teil aus Stickstoff- und Sauerstoffmolekülen – und dazu aus mehr Molekülen des Treibhausgases Kohlendioxid, als für unser Klima gesund sind.

Chemie ist auch der Vorgang, wie die einzelnen chemischen Bausteine zusammengefügt und neu sortiert werden. Dabei entstehen so unterschiedliche Dinge wie Personen, Bücher und Luft. Chemie beschreibt, wie und warum sich manche Atome und Elemente leicht miteinander verbinden, manche dagegen gar nicht. Die Chemie sagt uns auch, warum sich Steine von lebenden Organismen unterscheiden – und was Leben überhaupt ist.

Dass wir die Chemie so gut kennen, hat uns enorme Fortschritte in der Technik und der Medizin gebracht. Auf der anderen Seite stehen jedoch die Vergiftung und die Verschmutzung unserer Umwelt. Klug eingesetzt lassen sich mit Chemie jedoch diese Probleme lösen.

ATOME

Ob fest, flüssig oder gasförmig – alle Materie und alle Stoffe der Erde sind aus Atomen aufgebaut. Atome sind so winzig, dass bis zu 1 Mio. davon in ein dünnes Blatt Papier passen. Fast die gesamte Masse des Atoms ist im Kern versammelt, obwohl dieser nur ein Zehntausendstel so groß ist wie das gesamte Atom. Die Identität des Atoms, also zu welchem Element es gehört, ergibt sich aus der Anzahl der Protonen im Kern. Die Protonenzahl bestimmt auch die Position des Elements im Periodensystem. Das erste Element ist Wasserstoff mit einem Proton, das derzeit letzte ist Oganesson mit 118 Protonen. Vielleicht werden Teilchenbeschleuniger zukünftig einmal noch schwerere Elemente herstellen.

DAS ATOM

Ob lebenswichtiger Sauerstoff oder tödliches Arsen – Atome sind immer aus drei verschiedenen subatomaren Teilchen aufgebaut: Protonen, Neutronen und Elektronen. Protonen tragen eine positive Ladung und bilden zusammen mit den elektrisch neutralen Neutronen den Atomkern. Den Atomkern umgibt eine Wolke aus Elektronen, deren negative Ladung die positive Kernladung ausgleicht. Da Protonen und Neutronen etwa 1800-mal schwerer sind als Elektronen, sitzt fast die gesamte atomare Masse (Atommasse) im Atomkern.

NEUTRONEN

Bei kleineren Atomen sind die Protonen- und die Neutronenanzahl zumeist ungefähr gleich. Größere Kerne benötigen zusätzliche Neutronen, um die Abstoßungskräfte zwischen den Protonen auszugleichen.

Die starke Wechselwirkung übt ihre Kraft auf sehr kurze Entfernung aus und überwindet die gegenseitige Abstoßung der positiv geladenen Protonen im Kern. Deshalb zerfällt der Atomkern nicht.

ATOMKERN

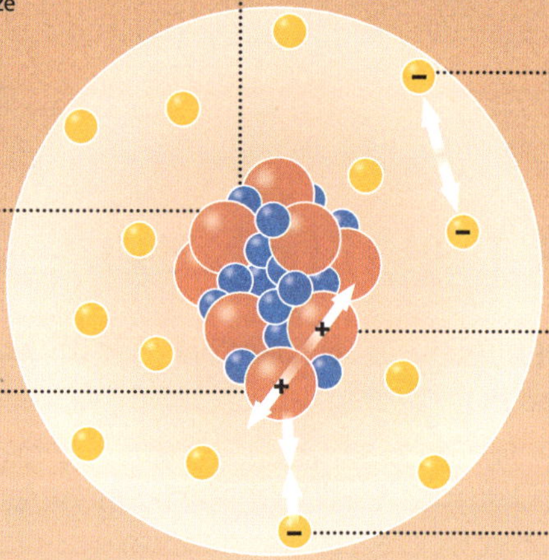

ELEKTRONEN

Den Atomkern umgibt eine negativ geladene Elektronenwolke. Darin stoßen sich die Elektronen gegenseitig ab und besetzen Orbitale auf unterschiedlichen Energieniveaus.

PROTONEN

Die Anzahl der Protonen entspricht der Ordnungszahl und definiert das Element. Wasserstoff mit der Ordnungszahl 1 hat ein Proton, Helium zwei usw.

ANZIEHUNGS- UND ABSTOSSUNGSKRAFT

Die Protonen stoßen sich im Kern gegenseitig ab, stabilisieren aber die Elektronenwolke durch elektrostatische Anziehungskräfte.

Größe von Atomen

Der Radius eines Atoms beträgt etwa ein Zehntemilliardstel Meter. Hätte ein Atom die Maße eines Fußballplatzes, wäre der Atomkern so groß wie eine Weintraube.

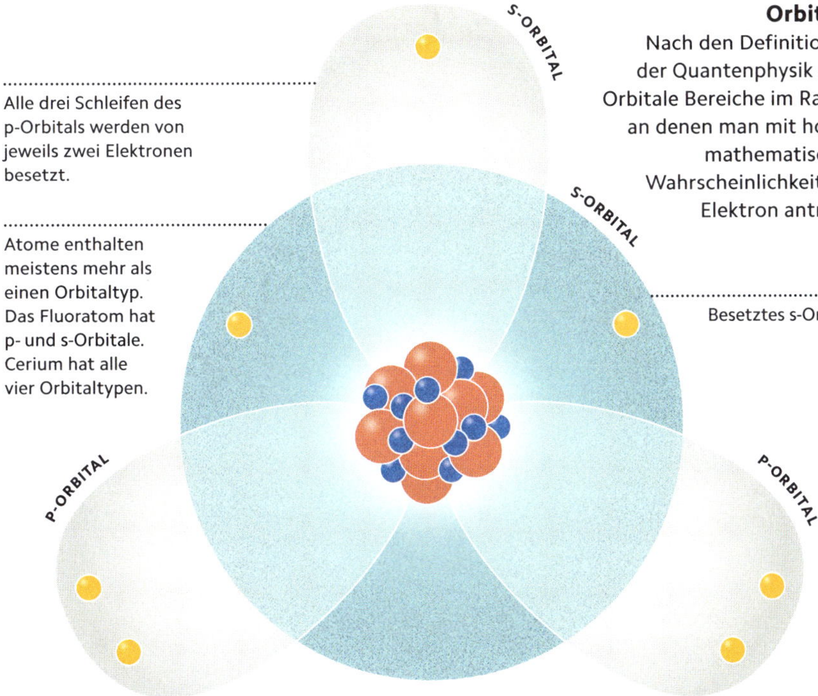

Orbitale
Nach den Definitionen der Quantenphysik sind Orbitale Bereiche im Raum, an denen man mit hoher mathematischer Wahrscheinlichkeit ein Elektron antrifft.

ELEKTRONENWOLKEN

Früher stellte man sich vor, dass die Elektronen den Kern umkreisen wie Planeten die Sonne. Heute wissen wir aus der Quantentheorie, dass es eine Art Elektronenwolke gibt, in der immer zwei Elektronen ballonartige Bereiche besetzen, die Orbitale genannt werden. Das kugelförmige s-Orbital hat die niedrigste Energie, das nächsthöhere Energieniveau wird von drei keulenförmigen p-Orbitalen besetzt, und die Orbitale auf den höheren Energieniveaus formen immer kompliziertere Schleifenstrukturen. Die Elektronen der äußersten Orbitale werden Valenzelektronen genannt.

Zustandsänderung

Der Aggregatzustand eines Stoffes kann durch Veränderung von Druck oder der Temperatur beeinflusst werden. Diese Zustände sind umkehrbar. Die chemische Natur des Stoffs bleibt unverändert.

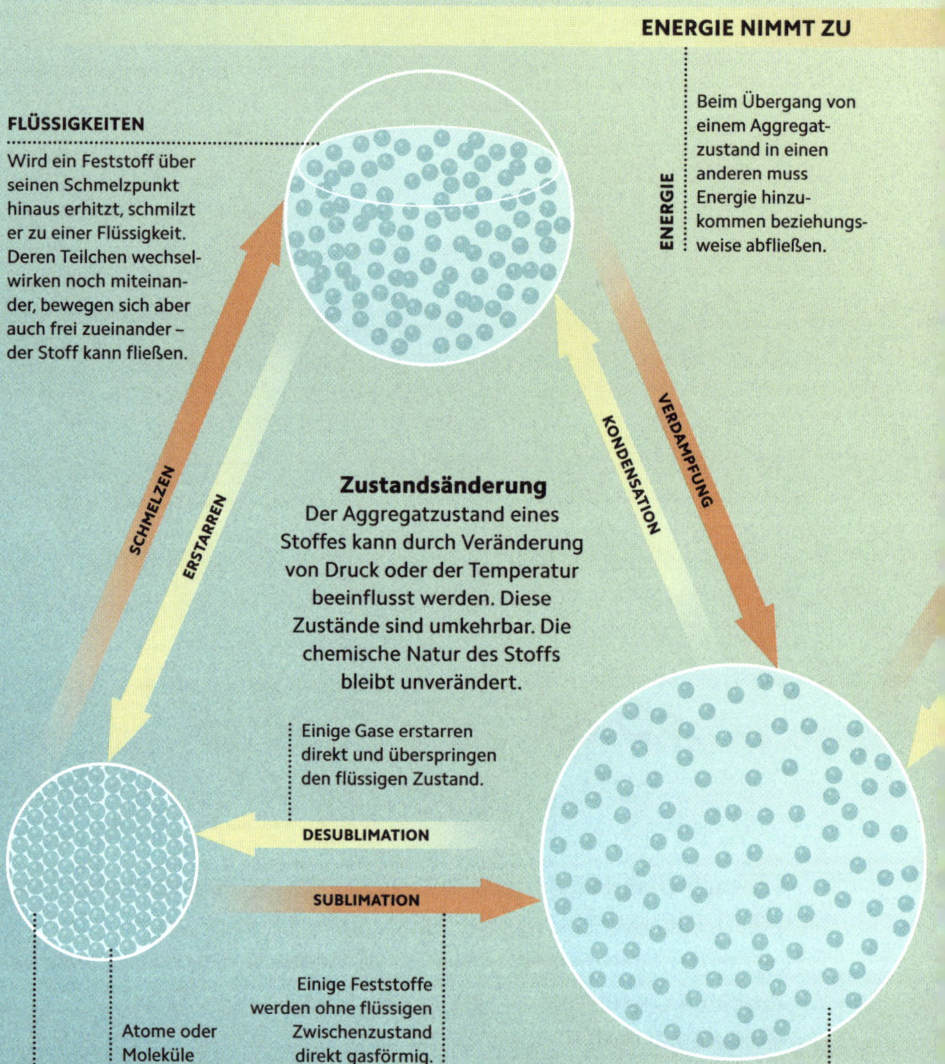

ENERGIE

Beim Übergang von einem Aggregatzustand in einen anderen muss Energie hinzukommen beziehungsweise abfließen.

FLÜSSIGKEITEN

Wird ein Feststoff über seinen Schmelzpunkt hinaus erhitzt, schmilzt er zu einer Flüssigkeit. Deren Teilchen wechselwirken noch miteinander, bewegen sich aber auch frei zueinander – der Stoff kann fließen.

Einige Gase erstarren direkt und überspringen den flüssigen Zustand.

Einige Feststoffe werden ohne flüssigen Zwischenzustand direkt gasförmig.

Atome oder Moleküle

FESTSTOFFE

In einem Feststoff werden die Teilchen durch zwischenmolekulare Kräfte an ihren Plätzen gehalten. Feststoffe verändern weder ihre Form noch ihr Volumen.

GASE

In einem Gas sind die Räume zwischen den beweglichen Teilchen groß und die zwischenmolekularen Kräfte klein. Gase füllen ihren Behälter immer ganz aus.

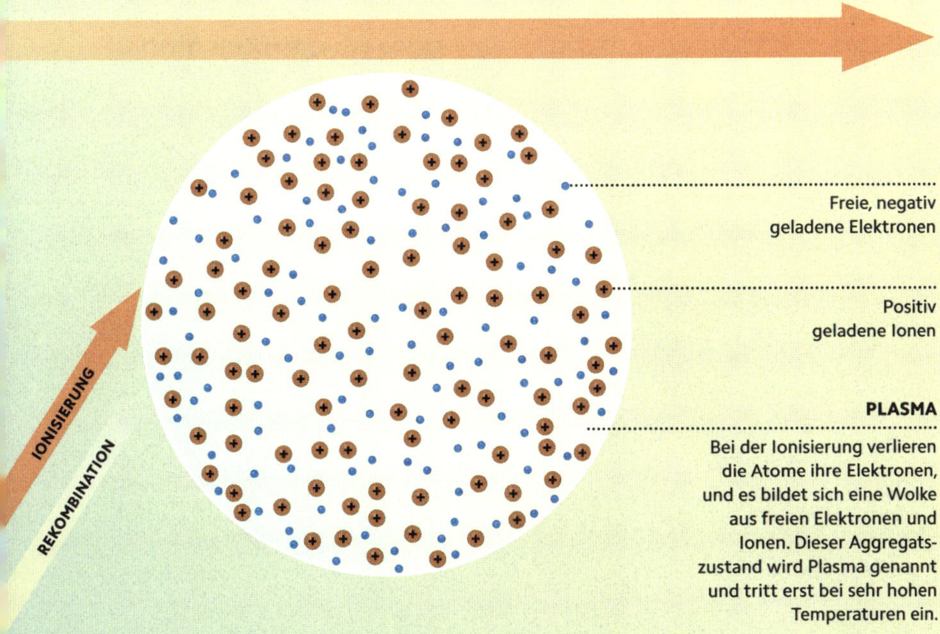

PLASMA

Bei der Ionisierung verlieren die Atome ihre Elektronen, und es bildet sich eine Wolke aus freien Elektronen und Ionen. Dieser Aggregatszustand wird Plasma genannt und tritt erst bei sehr hohen Temperaturen ein.

FORMWANDELNDE MATERIE

Je nach Temperatur und Druck existiert eine Substanz als Feststoff, Flüssigkeit, Gas oder Plasma. In einem Feststoff werden die dicht gepackten Atome durch zwischenmolekulare Kräfte an ihrem Platz gehalten. Wird der Stoff erwärmt, kommen die Teilchen ins Schwingen und verlassen ihre Plätze. Der Stoff wird flüssig. Bei immer höherer Energiezufuhr siedet die Flüssigkeit und entlässt ihre Teilchen als Gas. Bei sehr hoher Hitze spaltet sich das Gas zu einem Plasma auf, was man in Blitzen, im Polarlicht und in Sternen beobachten kann. Reinstoffe unterscheiden sich in ihren Schmelz- und Siedepunkten.

LEGENDE

REAKTIVE METALLE

- **Alkalimetalle** – Elemente dieser Gruppe sind aufgrund ihres einzelnen Valenzelektrons hoch reaktiv und bilden sofort Verbindungen.
- **Erdalkalimetalle** – mäßig reaktive Metalle

ÜBERGANGSELEMENTE

- **Übergangsmetalle** – eine vielfältige Elementgruppe mit teilweise wertvollen Eigenschaften

HAUPTGRUPPEN UND ANDERE ELEMENTE

- **Halbmetalle** – Elemente mit Eigenschaften von Metallen und Nichtmetallen
- **Übrige Metalle** – zumeist relativ weiche, niedrigschmelzende Metalle
- **Kohlenstoff** und andere Nichtmetalle
- **Halogene** – reaktive Nichtmetalle mit jeweils sieben Valenzelektronen
- **Edelgase** – ihre vollständig mit Elektronen gefüllte äußere Schale macht sie nahezu inert (unreaktiv).

SELTENE ERDEN

- Reaktiv. Auch Lanthanoide und Actinoide genannt.

Ordnungszahl

Atommasse

PERIODEN UND GRUPPEN

In den Perioden (Reihen) sind die Elemente von links nach rechts mit aufsteigender Ordnungszahl angeordnet. Die senkrechten Tabellenspalten bilden die Gruppen. Elemente in einer Gruppe haben ähnliche Eigenschaften.

Die Elemente werden entsprechend ihrer Elektronenzahlen in den Orbitalen in s-, p, d- und f-Blöcke unterteilt.

Periode	1	2		3	4	5	6	7
1	1 H WASSERSTOFF 1,008							
2	3 Li LITHIUM 6,941	4 Be BERYLLIUM 9,0122						
3	11 Na NATRIUM 22,990	12 Mg MAGNESIUM 24,305						
4	19 K KALIUM 39,098	20 Ca CALCIUM 40,078		21 Sc SCANDIUM 44,956	22 Ti TITAN 47,867	23 V VANADIUM 50,942	24 Cr CHROM 51,996	25 Mn MANGAN 54,938
5	37 Rb RUBIDIUM 85,468	38 Sr STRONTIUM 87,62		39 Y YTTRIUM 88,906	40 Zr ZIRCONIUM 91,224	41 Nb NIOB 92,906	42 Mo MOLYBDÄN 95,96	43 Tc TECHNETIUM (98)
6	55 Cs CÄSIUM 132,91	56 Ba BARIUM 137,33		57–71	72 Hf HAFNIUM 178,49	73 Ta TANTAL 180,95	74 W WOLFRAM 183,84	75 Re RHENIUM 186,21
7	87 Fr FRANCIUM (223)	88 Ra RADIUM (226)		89–103	104 Rf RUTHERFORDIUM (267)	105 Db DUBNIUM (268)	106 Sg SEABORGIUM (269)	107 Bh BOHRIUM (270)

S BLOCK (PLUS H)

D BLOCK

57 La LANTHAN 138,91	58 Ce CER 140,12	59 Pr PRAESODYM 140,91	60 Nd NEODYMIUM 144,24
89 Ac ACTINIUM (227)	90 Th THORIUM 232,04	91 Pa PROTACTINIUM 231,04	92 U URAN 238,03

Bei diesen Elementen, die teilweise radioaktiv sind oder künstlich erzeugt werden müssen, füllen sich die 4f- und 5f-Orbitale bis auf insgesamt 14 Elektronen auf. Sie werden häufig separat aufgeführt.

LANTHANOIDE UND ACTINOIDE

MERKBLATT DER NATUR

Jedes chemische Element ist durch die Anzahl der Protonen in seinem Kern definiert. Diese Zahl ist die Ordnungszahl. Die Anordnung im Periodensystem wurde in den 1860er Jahren von Dmitri Mendelejew entdeckt. Alle bekannten Reinstoffe sind in waagerechten Zeilen (Perioden) nach ansteigender Ordnungszahl von links nach rechts angeordnet, um die Auffüllung der Orbitale mit Valenzelektronen (siehe S. 11) darzustellen. Die Elemente in den Spalten (Gruppen) haben die gleiche Anzahl Valenzelektronen und somit ähnliche chemische Eigenschaften.

Auf der rechten Seite befinden sich die Nichtmetalle wie Halogene, Edelgase und die Elemente des Lebens, etwa Kohlenstoff, Stickstoff, Sauerstoff und Schwefel. Viele dieser Elemente sind Gase.

NICHTMETALLE

8	9	10	11	12
26 **Fe** EISEN 55,845	27 **Co** COBALT 58,933	28 **Ni** NICKEL 58,693	29 **Cu** KUPFER 63,546	30 **Zn** ZINK 65,38
44 **Ru** RUTHENIUM 101,07	45 **Rh** RHODIUM 102,91	46 **Pd** PALLADIUM 106,42	47 **Ag** SILBER 107,87	48 **Cd** CADMIUM 112,41
76 **Os** OSMIUM 190,23	77 **Ir** IRIDIUM 192,22	78 **Pt** PLATIN 195,08	79 **Au** GOLD 196,97	80 **Hg** QUECKSILBER 200,59
108 **Hs** HASSIUM (277)	109 **Mt** MEITNERIUM (278)	110 **Ds** DARMSTADTIUM (281)	111 **Rg** ROENTGENIUM (282)	112 **Cn** COPERNICIUM (285)

13	14	15	16	17	18
					2 **He** HELIUM 4,003
5 **B** BOR 10,81	6 **C** KOHLENSTOFF 12,011	7 **N** STICKSTOFF 14,007	8 **O** SAUERSTOFF 15,999	9 **F** FLUOR 18,998	10 **Ne** NEON 20,180
13 **Al** ALUMINIUM 26,982	14 **Si** SILICIUM 28,085	15 **P** PHOSPHOR 30,974	16 **S** SCHWEFEL 32,06	17 **Cl** CHLOR 35,45	18 **Ar** ARGON 39,948
31 **Ga** GALLIUM 69,723	32 **Ge** GERMANIUM 72,63	33 **As** ARSEN 74,922	34 **Se** SELEN 78,971	35 **Br** BROM 79,904	36 **Kr** KRYPTON 83,798
49 **In** INDIUM 114,82	50 **Sn** ZINN 118,71	51 **Sb** ANTIMON 121,76	52 **Te** TELLUR 127,60	53 **I** IOD 126,90	54 **Xe** XENON 131,29
81 **Tl** THALLIUM 204,38	82 **Pb** BLEI 207,20	83 **Bi** BISMUTH 208,98	84 **Po** POLONIUM (209)	85 **At** ASTAT (210)	86 **Rn** RADON (222)
113 **Nh** NIHONIUM (286)	114 **Fl** FLEROVIUM (289)	115 **Mc** MOSCOVIUM (289)	116 **Lv** LIVERMORIUM (293)	117 **Ts** TENNESS (294)	118 **Og** OGANESSON (294)

P-BLOCK-ELEMENTE (AUSSER HELIUM)

61 **Pm** PROMETHIUM (145)	62 **Sm** SAMARIUM 150,36	63 **Eu** EUROPIUM 151,96	64 **Gd** GADOLINIUM 157,25	65 **Tb** TERBIUM 158,93	66 **Dy** DYSPROSIUM 162,50	67 **Ho** HOLMIUM 164,93	68 **Er** ERBIUM 167,26	69 **Tm** THULIUM 168,93	70 **Yb** YTTERBIUM 173,05	71 **Lu** LUTETIUM 174,97
93 **Np** NEPTUNIUM (237)	94 **Pu** PLUTONIUM (244)	95 **Am** AMERICIUM (243)	96 **Cm** CURIUM (247)	97 **Bk** BERKELIUM (247)	98 **Cf** CALIFORNIUM (251)	99 **Es** EINSTEINIUM (252)	100 **Fm** FERMIUM (257)	101 **Md** MENDELEVIUM (258)	102 **No** NOBELIUM (259)	103 **Lr** LAWRENCIUM (262)

F-BLOCK-ELEMENTE

In Roten Überriesen entstehen durch Kernfusion (Verschmelzung von Atomkernen) Kohlenstoff, Sauerstoff, Magnesium und andere Elemente.

Überriesen formen Fusionsschalen, in denen sich von außen nach innen die schwereren Atomkerne bilden.

Die schwereren Kerne sinken zum Zentrum des Sterns ab, wo sie in den heißeren Fusionsschalen zu noch schwereren Elementen verschmelzen.

Überriesen
Sehr große Sterne, die ihren Brennstoff Wasserstoff verbraucht haben, wachsen zu Roten Überriesen heran. In ihnen verschmelzen Kerne zu schwereren Elementen bis zum Eisen.

SCHMIEDE DES WELTALLS

Neue Elemente entstehen in Sternen durch Nukleosynthese. In diesen gigantischen Elementfabriken verschmelzen unter enormer Hitze und dem Schweredruck zunächst leichtere Wasserstoffkerne zu schwereren Heliumkernen. Hat der Stern seinen Wasserstoffbrennstoff verbraucht, bilden sich Fusionsschalen, in denen von außen nach innen, bei höheren Temperaturen, immer schwerere Kerne entstehen. Am Ende seines Lebens explodiert der Stern und schleudert seine gesamte Ladung Kerne in den Weltraum hinaus.

AUFBAU DES UNIVERSUMS

Das Universum besteht wie schon direkt nach dem Urknall zu mehr als 98 Prozent aus Wasserstoff und Helium. In Sternexplosionen wurden zwei Prozent schwerere Elemente gebildet, die sich zu Planeten zusammenlagern. Eisen bildet den Erdkern und ist das häufigste Element der Erde. Die Elemente des Lebens – Phosphor, Sauerstoff, Stickstoff, Kohlenstoff, Wasserstoff und Schwefel – sind weniger häufig, die übrigen Elemente kommen in unterschiedlicher Häufigkeit vor.

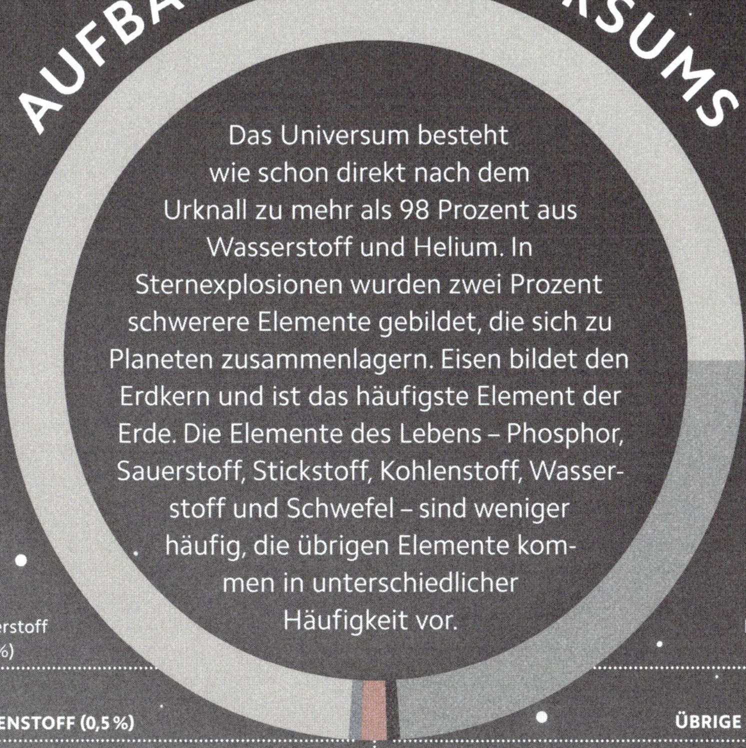

KOHLENSTOFF (0,5 %)

Elemente mit einer geraden Ordnungszahl sind häufiger, denn ihre Herstellung erfordert weniger Energie.

ÜBRIGE (0,6 %)

Elemente wie Lithium und Bor werden in anderen Sternprozessen wieder vernichtet. Sie sind deshalb seltener.

Häufigkeit auf der Erde

Die Elemente sind im Universum unterschiedlich verteilt. Auf der Erde sind Wasserstoff, Helium, Neon und Stickstoff weniger häufig, denn sie sind leicht und verflüchtigen sich schnell ins Weltall.

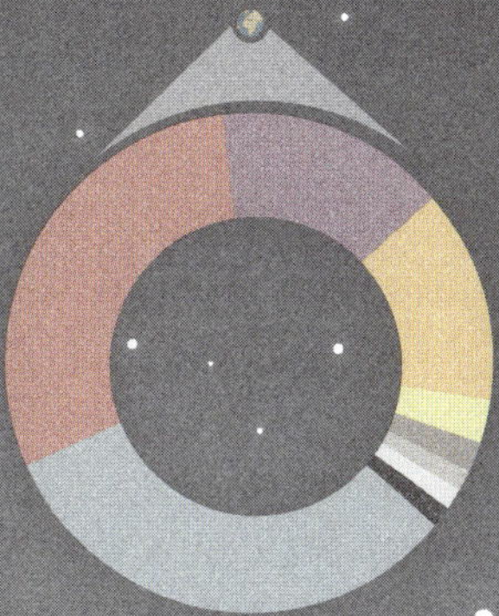

ELEMENTARE IDENTITÄTEN

Die Elemente haben unterschiedliche Eigenschaften, weil sie unterschiedlich viele Elektronen (Valenzelektronen) in ihrer äußeren Elektronenschale haben. Die Stellung des Elements im Periodensystem weist auf seine Eigenschaften (siehe S. 14–15) hin. In Metallen können Elektronen ungebunden umherwandern, weshalb diese Stoffe elektrisch leitend und schmied- und hämmerbar sind. In den spröden und nichtleitenden Nichtmetallen sitzen die Valenzelektronen fest am Atom. Halbmetalle liegen dazwischen. Metalle glänzen aufgrund der Lichtreflexion durch die frei beweglichen Elektronen, während Nichtmetalle eher matt erscheinen.

HÖCHSTENS 3 VALENZELEKTRONEN
Metalle geben ihre drei oder weniger Valenzelektronen leicht ab und gehen eine Ionenbindung ein (siehe S. 37).

GROSSER ATOMRADIUS
Die locker gebundenen Valenzelektronen von Metallen sind weit vom Atomkern entfernt. Metalle haben daher große Radien.

ELEKTRONENABGABE
Je weiter unten ein Element in einer Gruppe im Periodensystem steht, desto weiter sind die äußeren Elektronen vom Kern entfernt. Das Atom verliert leicht Elektronen und wird zum Ion.

METALLE

NICHTMETALLE

5 BIS 7 VALENZELEKTRONEN
Die fünf bis sieben Valenzelektronen der Nichtmetalle sind fest gebunden. Nichtmetalle sind daher schlechte Leiter.

KLEINER ATOMRADIUS
Bei Nichtmetallen übt der Kern auf die Elektronen eine starke Anziehungskraft aus. Die Elektronen sind fester gebunden und der Atomradius ist klein.

ELEKTRONEN-ANZIEHUNG
Innerhalb einer Periode wird der Atomkern größer und zieht die Elektronen fester an sich heran. Nichtmetalle nehmen daher leicht Elektronen auf und werden zum Anion.

ATOMARE ZWILLINGE

Das Wort »Isotop« stammt aus dem Griechischen und bedeutet »gleicher Ort«. Isotope sind Atome, die zum gleichen Element gehören, da sie die gleiche Anzahl Protonen haben – und somit die gleiche Ordnungszahl und Stellung im Periodensystem. Sie unterscheiden sich jedoch durch ihre Neutronenzahl im Kern und somit durch ihre Atommasse, die sich aus der Summe von Protonen und Neutronen ergibt. Die meisten Elemente haben mehr als ein natürlich vorkommendes Isotop.

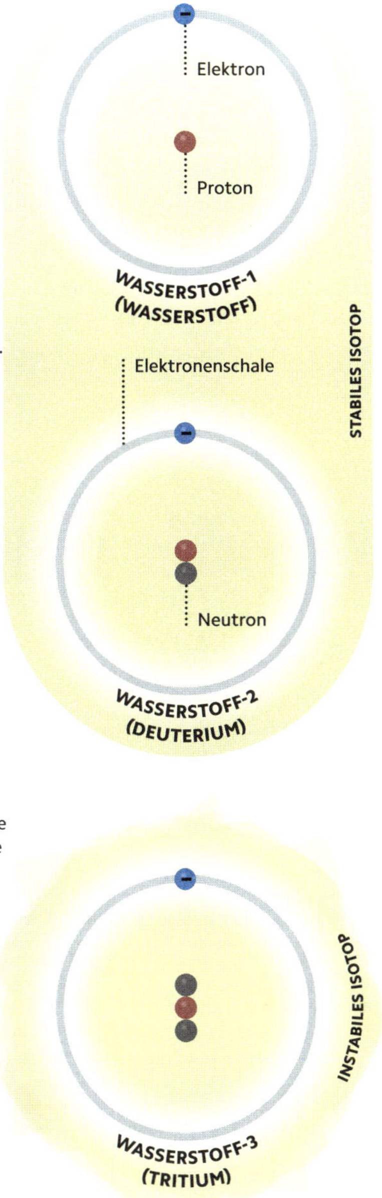

Vor 13,8 Mrd. Jahren bildeten sich direkt nach dem Urknall zuerst Wasserstoff und Helium.

Wenn kosmische Strahlung auf Gase in der Atmosphäre trifft, bilden sich Spuren von Tritium. Dessen Kern ist instabil und zerfällt rasch (siehe S. 21).

Dreimal Wasserstoff
Wasserstoff hat drei natürlich vorkommende Isotope. Sie haben die Massen 1, 2 und 3 bei null, ein bzw. zwei Neutronen.

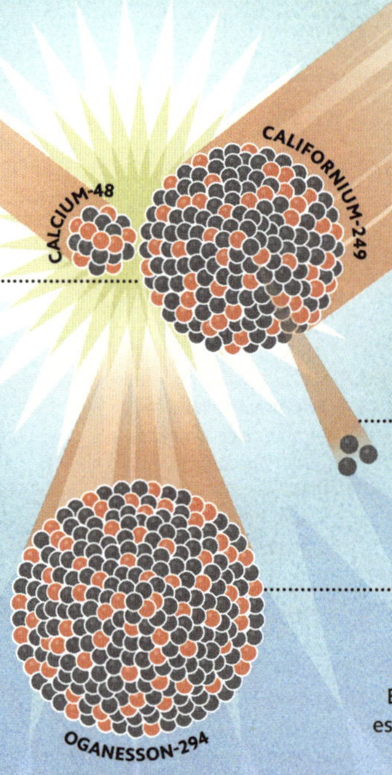

ZUSAMMENSTOSS

Werden Californiumatome (98 Protonen) mit Calciumionen (20 Protonen) beschossen, verschmelzen einige Atomkerne zu Oganessonkernen (118 Protonen).

Einige wenige Kerne Californium und Calcium verschmelzen unter Freisetzung von drei Neutronen.

FREISETZUNG

ERZEUGUNG

Bei dieser Kernreaktion entsteht für weniger als eine Millisekunde das Element Oganesson, bevor es wieder radioaktiv zerfällt.

Seltenes Element

Oganesson wurde 2002 entdeckt, aber erst fünf oder sechs Atome wurden davon erzeugt.

GRENZEN DER MATERIE

Bis zum 94. Element im Periodensystem, dem Plutonium, kommen alle Elemente auf der Erde natürlich vor. Die schwereren Elemente müssen künstlich in einem Kernreaktor oder Teilchenbeschleuniger erzeugt werden. Sie bilden sich häufig nur in kleinsten Mengen und zerfallen sofort wieder. Das bislang schwerste bekannte Element ist Oganesson (118). Es wurde durch den Beschuss von Californium-249-Atomen mit Calcium-48-Ionen erzeugt und ist ein Kern mit der Atommasse 294. Forschende versuchen noch schwerere, aber stabilere Elemente als das kurzlebige Oganesson zu erzeugen.

STABILITÄTSZENTREN

Elemente, deren Atomkerne instabil sind, weil sie entweder sehr groß sind oder Protonen und Neutronen in einem ungünstigen Verhältnis haben, sind radioaktiv. Um Stabilität zu erlangen, senden diese Atome durch radioaktiven Zerfall Energie in Form von Gammastrahlung oder Teilchen aus. Viele bekannte Elemente haben ein oder mehrere radioaktive Isotope, zum Beispiel Kohlenstoff-14.

Halbwertszeit
Die Zeit, die verstreicht, bis 50 Prozent der Atome eines radioaktiven Elements zerfallen sind, ist die Halbwertszeit. Die Spanne von Halbwertszeiten reicht von Millionstelsekunden bis Millionen von Milliarden Jahren.

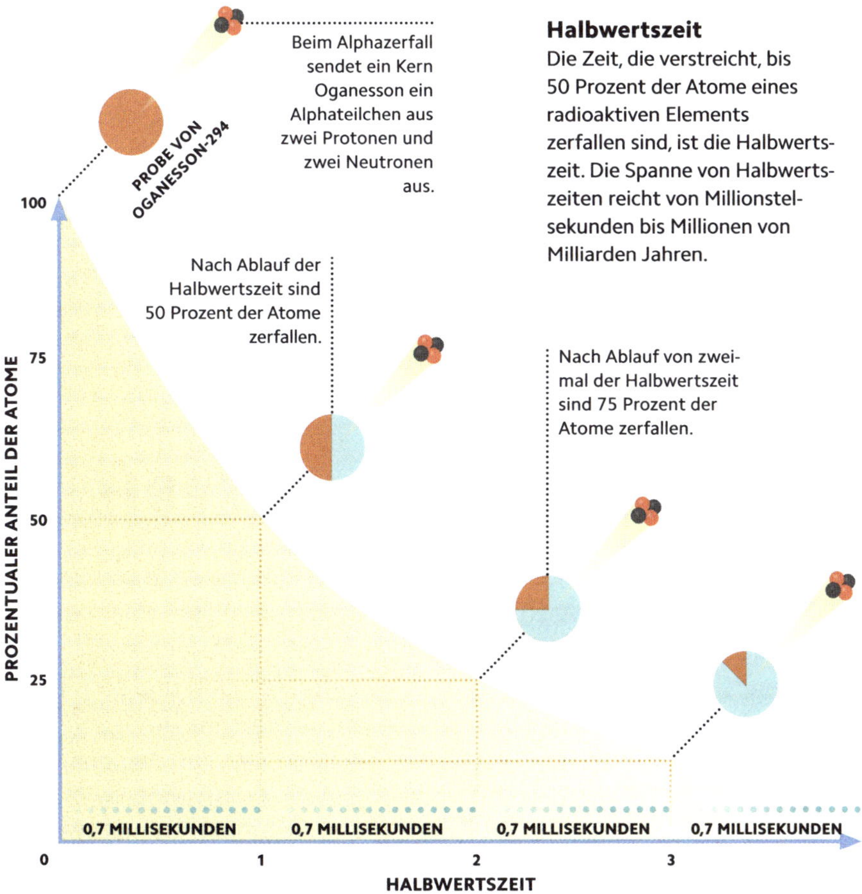

STOFFMENGENBERECHNUNG

Atome sind so klein, dass man sie nicht einzeln abzählt oder misst, sondern eine bestimmte Menge – die Stoffmenge – als Bestimmungsmaß verwendet. Die Stoffmenge wird in Mol angegeben, ein Mol eines Stoffs entspricht $6{,}022 \times 10^{23}$ Teilchen (etwa Atome, Moleküle, Isotope, Ionen). Die riesige Zahl ist die Avogadrozahl. Sie ist definiert als die Menge an Atomen, die sich in zwölf Gramm Kohlenstoff-12 befindet. In der Chemie hat sich die Angabe der Stoffmenge in Mol anstelle von Gewicht oder Masse (in Gramm) bewährt, weil verschiedene Stoffe bei gleicher Anzahl Atome verschiedene Massen haben.

MASSE GRAMM (g)

4 **MOL**

CO_2 CO_2

Die Menge (wie viel Mol vorliegen) eines Stoffs multipliziert mit seiner Molmasse ergibt die Masse des Stoffs.

MOL MOL

Je schwerer die Atome eines Stoffs sind, desto schwerer ist auch ein Mol dieses Stoffs. In einem Gramm Wasserstoff befinden sich ebenso viele Atome wie in 197 Gramm Gold.

1 MOL ENTSPRICHT DER ANZAHL VON:

$6{,}022 \times 10^{23}$ ATOMEN

UND DIESE MENGE ENTSPRICHT DER MASSE VON:

	H	He	C	Fe	Au
	WASSERSTOFF	HELIUM	KOHLENSTOFF	EISEN	GOLD
Atommasse	1,008	4,003	12,011	55,845	196,97
	1 g	**4 g**	**12 g**	**55,9 g**	**197 g**

Ein Mol Grapefruit wäre so groß wie die Erde, hätte aber eine viel kleinere Masse.

KOHLENDIOXID

CO_2 CO_2

Stoffmenge

4 x 44 =

Molmasse

176 g

Formeldreieck

Wenn von drei Variablen (Masse, Stoffmenge oder Molmasse) zwei bekannt sind, kann die dritte anhand des Formeldreiecks bestimmt werden. Um zum Beispiel die Stoffmenge zu bestimmen, teilt man die Masse durch die Molmasse.

Die Molmasse ist die Masse, die ein Mol des Stoffs in Gramm hat. Der Stoff kann ein einzelnes Element sein, oder eine Verbindung. Für die Stoffmenge einer Verbindung werden alle Massen der Elemente in der chemischen Formel addiert.

MOLMASSE

GRAMM PRO MOL (g/mol)

KOHLENSTOFF

C

C
KOHLENSTOFF
12

12

12 g/mol

KOHLENDIOXID

CO_2

C	**O**	**O**
KOHLENSTOFF 12	SAUERSTOFF 16	SAUERSTOFF 16

12 + 16 + 16 =

44 g/mol

Von Mini bis Mega

Eine wissenschaftliche Schreibweise setzt die Massen der kleinsten und größten Dinge wie Elektronen und das gesamte Universum in ein Verhältnis.

10^{14}
Die gesamte lebende Biomasse (im Wesentlichen Pflanzen) hat eine Masse von etwa $5{,}5 \times 10^{14}$ kg.

10^{-31}
Ein Elektron hat die Masse $9{,}1 \times 10^{-31}$ kg.

10^{8}
Der Asteroid, der die Dinosaurier auslöschte, brachte Schätzungen zufolge 5×10^{8} kg Iridium auf die Erde.

10^{-2}
Im menschlichen Körper befindet sich etwa 50 g DNA. Anders ausgedrückt 5×10^{-2} kg.

10^{0}
Ein durchschnittlicher Mensch trägt 1 kg (1×10^{0}) Calcium in Zähnen und Knochen mit sich herum. Doppelt so viel Masse an Stickstoff befindet sich in Proteinen, DNA und RNA, nämlich 2×10^{0} kg.

10^{-27}
Die Masse eines Atoms Wasserstoff, des leichtesten Elements, beträgt $1{,}673 \times 10^{-27}$ kg.

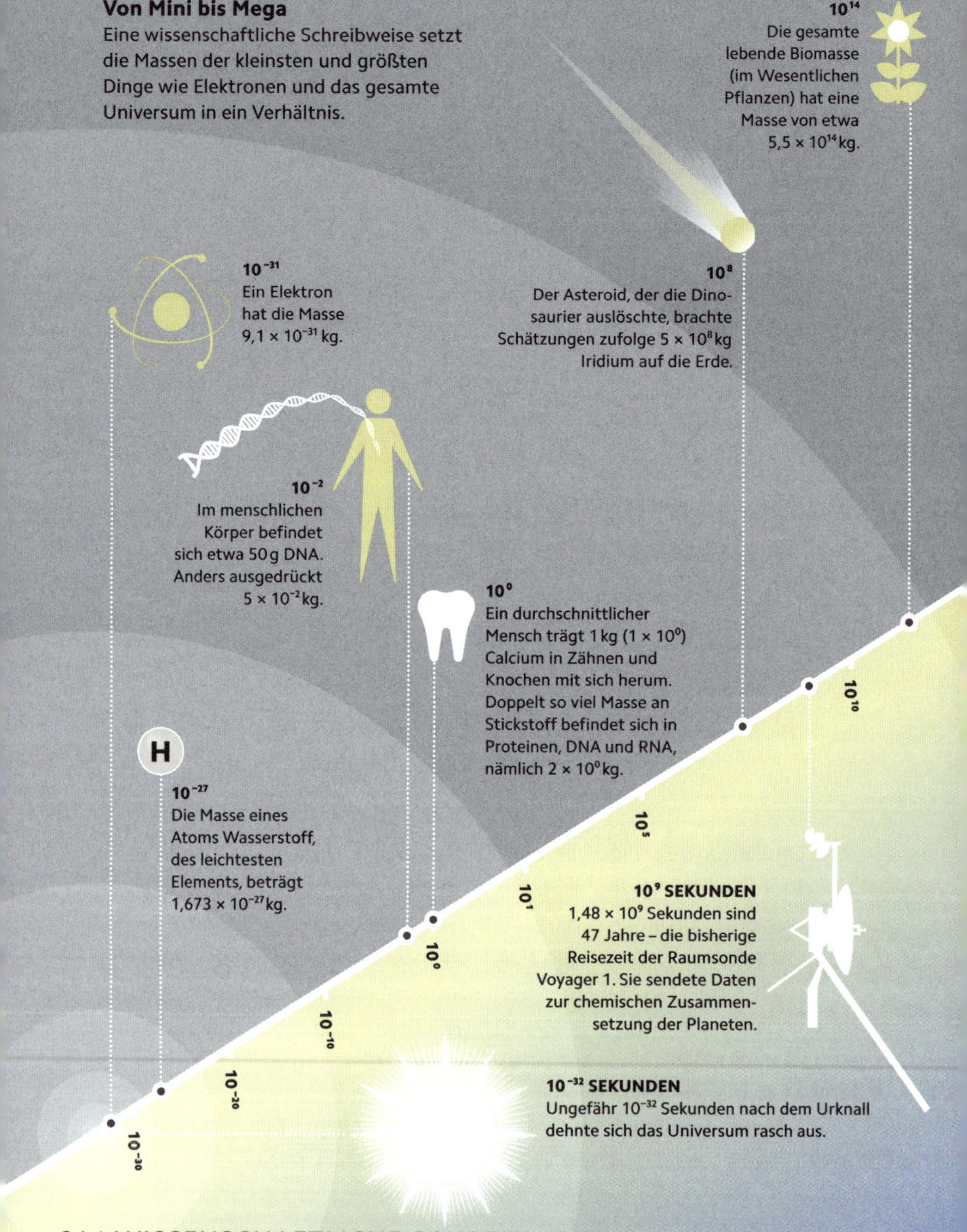

10^{9} SEKUNDEN
$1{,}48 \times 10^{9}$ Sekunden sind 47 Jahre – die bisherige Reisezeit der Raumsonde Voyager 1. Sie sendete Daten zur chemischen Zusammensetzung der Planeten.

10^{-32} SEKUNDEN
Ungefähr 10^{-32} Sekunden nach dem Urknall dehnte sich das Universum rasch aus.

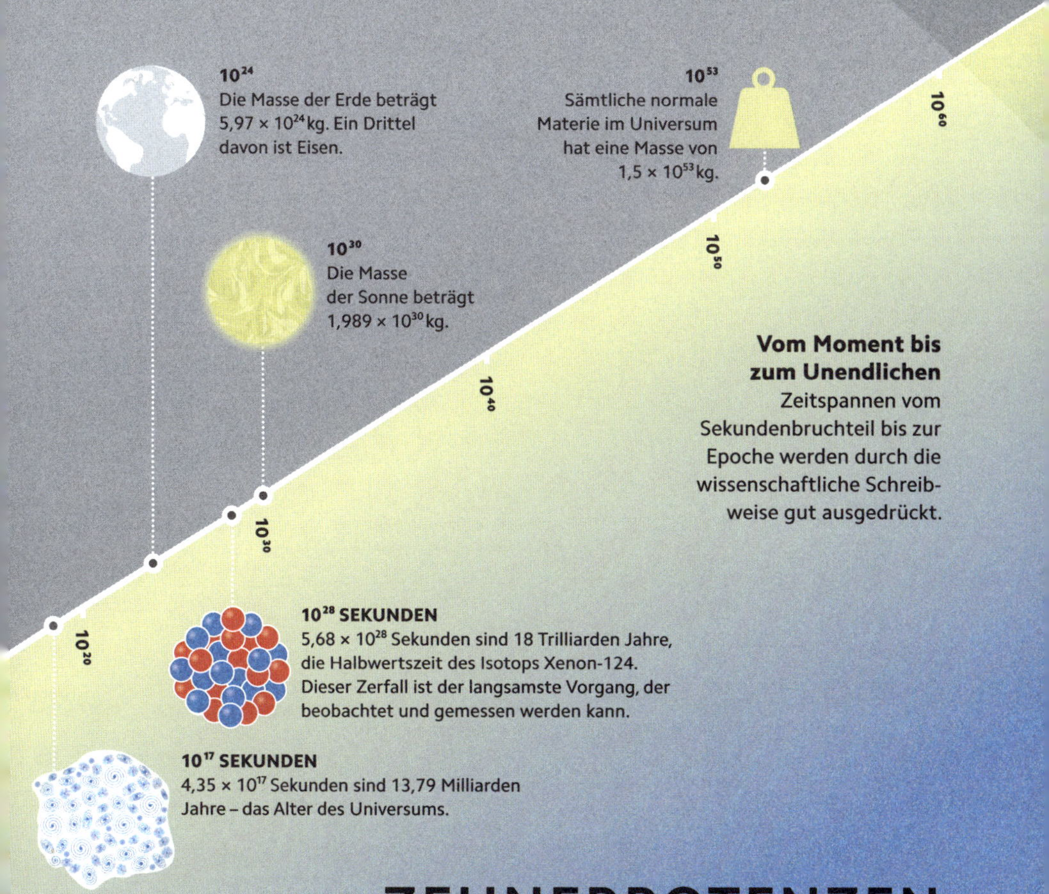

10^{24}
Die Masse der Erde beträgt $5{,}97 \times 10^{24}$ kg. Ein Drittel davon ist Eisen.

10^{53}
Sämtliche normale Materie im Universum hat eine Masse von $1{,}5 \times 10^{53}$ kg.

10^{30}
Die Masse der Sonne beträgt $1{,}989 \times 10^{30}$ kg.

Vom Moment bis zum Unendlichen
Zeitspannen vom Sekundenbruchteil bis zur Epoche werden durch die wissenschaftliche Schreibweise gut ausgedrückt.

10^{28} SEKUNDEN
$5{,}68 \times 10^{28}$ Sekunden sind 18 Trilliarden Jahre, die Halbwertszeit des Isotops Xenon-124. Dieser Zerfall ist der langsamste Vorgang, der beobachtet und gemessen werden kann.

10^{17} SEKUNDEN
$4{,}35 \times 10^{17}$ Sekunden sind 13,79 Milliarden Jahre – das Alter des Universums.

ZEHNERPOTENZEN

Die Größenunterschiede sind in der Chemie so groß, dass es mühselig wäre, vollständige Zahlen zu schreiben. Sie können aber durch die wissenschaftliche Zahlenschreibweise gut erfasst werden. Hierbei werden Zahlenmengen durch eine Zahl von 1 bis 10 multipliziert mit einer ganzzahligen Zehnerpotenz ausgedrückt. So wird zum Beispiel 500 als 5×10^2 ($5 \times 10 \times 10$) geschrieben und 0,005 als 5×10^{-3} ($5 \div (10 \times 10 \times 10)$). In dieser Schreibweise sehen vergleichsweise große Zahlen oft täuschend klein aus. So entspricht eine Zeitdauer von mäßig beeindruckenden 1×10^6 Sekunden tatsächlich 1 Million Sekunden, und 1×10^9 Sekunden ist das Gleiche wie 1 Milliarde Sekunden.

STOFF

E

Das chemische Verhalten von Elementen wird durch die Elektronen in ihrer äußersten Elektronenschale bestimmt. Diese Elektronen – die Valenzelektronen – haben den größten Abstand zum Kern und sind damit am schwächsten an ihn gebunden. Chemiker entdeckten den Zusammenhang zwischen der chemischen Reaktivität und der Anzahl der Valenzelektronen Anfang des 20. Jahrhunderts. Atome erreichen einen stabileren Energiezustand, indem sie Elektronen aufnehmen, abgeben oder sich untereinander teilen. Dieses Bestreben, Bindungen einzugehen und somit Verbindungen zu formen, ist das Grundprinzip der Bildung aller unterschiedlichen Stoffe und der Materie im Universum.

Punkt-Kreuz-Diagramm
Die äußeren Schalen der Atome werden als Kreise angezeigt, die Elektronen als Punkte und Kreuze.

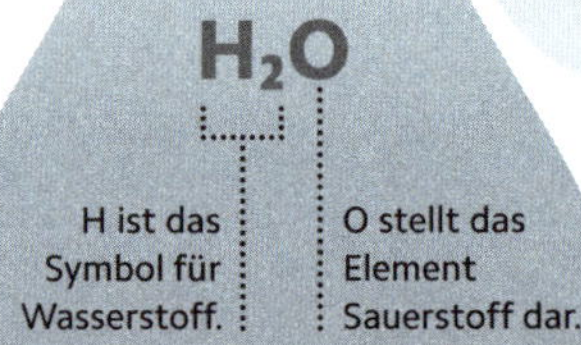

Chemische Formel
Eine chemische Formel stellt die atomaren Bestandteile des Moleküls durch Elementsymbole dar. Die Zahl entspricht der Anzahl Atome des jeweiligen Elements.

AUFBAU VON MOLEKÜLEN

Durch chemische Reaktionen verändert sich der molekulare Aufbau von Verbindungen. In den chemischen Formeln werden die Elemente und die Anzahl ihrer Atome durch Buchstaben und Zahlen ausgedrückt. Strukturformeln und gezeichnete Modelle machen den räumlichen Aufbau sichtbar. Das Molekül Wasser kann zum Beispiel auf mehrere Arten dargestellt werden.

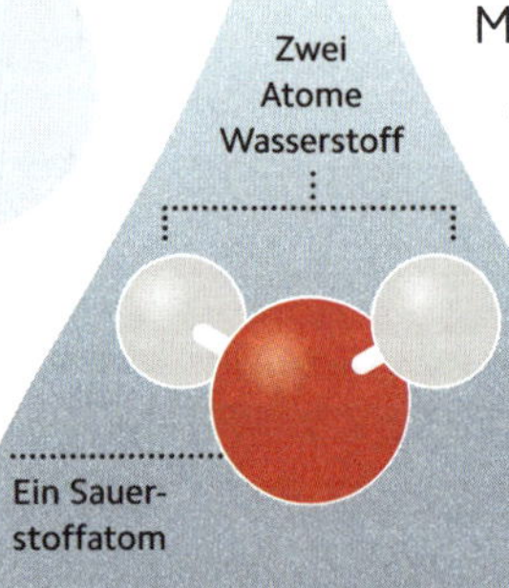

Räumliches Modell
In dieser einfachen Zeichnung ist dargestellt, wie die Atome jedes Elements und ihre Bindungen räumlich angeordnet sind.

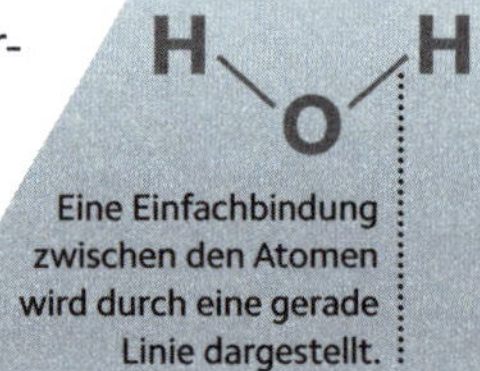

Strukturformel
Die Elementsymbole werden durch Linien miteinander verknüpft. Die Linien stellen Einfach-, Doppel- oder Dreifachbindungen dar (siehe S. 95).

DER CODE DER CHEMIE

Elemente und chemische Verbindungen bilden durch chemische Reaktionen neue Produkte. Chemische Reaktionen werden in der Chemie durch Reaktionsgleichungen mit Elementsymbolen und chemischen Formeln dargestellt, um die beteiligten Elemente und Verbindungen eindeutig zu kennzeichnen. Die Ausgangsstoffe werden Edukte und die entstehenden Stoffe Produkte genannt. Der Pfeil zeigt an, dass Edukte zu Produkten umgesetzt werden.

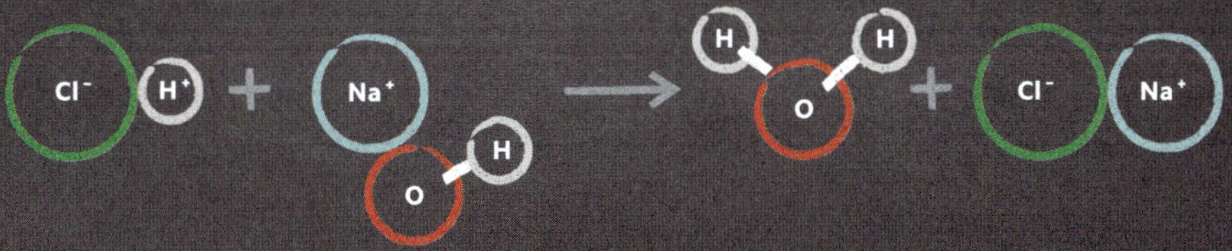

$$HCl + NaOH \rightarrow H_2O + NaCl$$

Chlorwasserstoff (HCl) enthält als chemische Bestandteile ein Wasserstoffion (Proton) und ein Chlorion (Chloridion).

Das Natriumhydroxidmolekül (NaOH) enthält ein Natriumion und ein Hydroxidion, das aus einem kovalent gebundenen Sauerstoff- und Wasserstoffatom aufgebaut ist.

Bei der Reaktion bilden sich Natriumchlorid (NaCl), das aus einem Natrium- und einem Chloridion besteht, und Wasser (H_2O), das zwei Atome Wasserstoff und ein Atom Sauerstoff enthält.

Reaktionsgleichungen

Wenn Elemente oder chemische Verbindungen miteinander reagieren, ordnen sich die Atome neu an. Die Gesamtzahl der Atome bleibt aber gleich. Auf beiden Seiten der Reaktionsgleichung zählt man daher die gleiche Anzahl Atome für jedes Element.

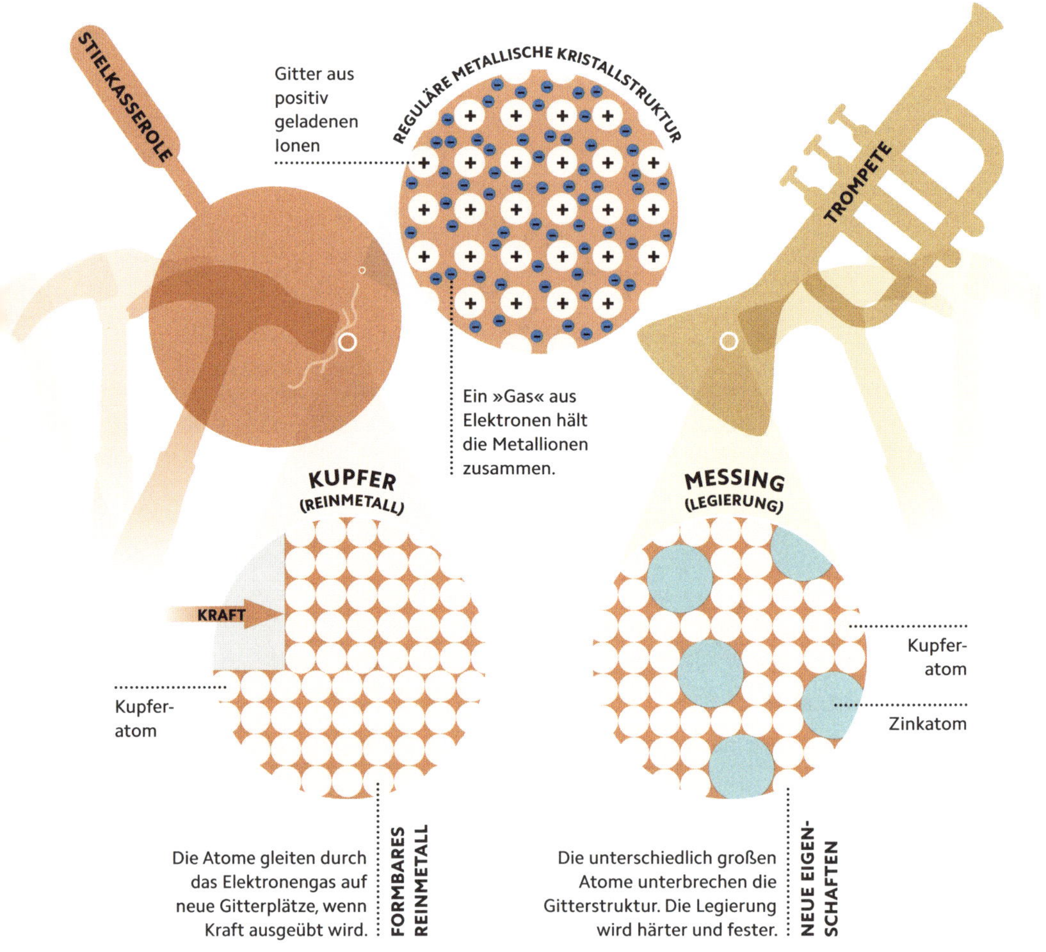

METALLE – REIN UND GEMISCHT

Die meisten Elemente fallen in die Stoffklasse der Metalle. Das sind glänzende, feste Materialien mit guter Leitfähigkeit für Wärme und elektrischen Strom. Sie haben eine dichte Gitterstruktur, in der die Valenzelektronen frei beweglich sind und für den Zusammenhalt sorgen. Legierungen sind Mischungen mit einem zweiten Element, dessen Atome sich auf die Gitterplätze oder zwischen sie schieben.

EXPLOSIVE ELEMENTE

Die erste Gruppe im Periodensystem bilden die Alkalimetalle (siehe S. 14–15). Sie haben alle nur ein Elektron (Valenzelektron) in der äußersten Elektronenschale. Da die nächste, gefüllte Schale viel stabiler ist, geben sie ihr Valenzelektron leicht ab. Alkalimetalle sind deshalb hochreaktiv und kommen in der Natur nur in Verbindungen vor. Im Labor werden sie im Vakuum aufbewahrt.

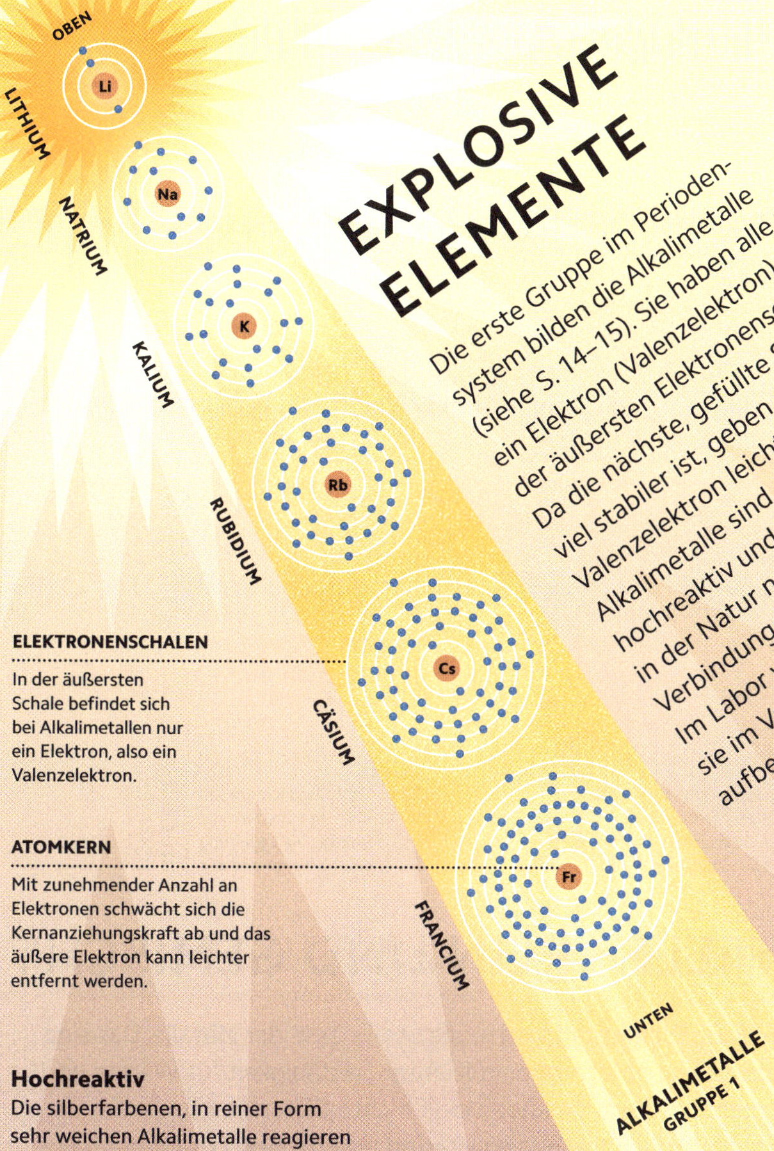

ELEKTRONENSCHALEN

In der äußersten Schale befindet sich bei Alkalimetallen nur ein Elektron, also ein Valenzelektron.

ATOMKERN

Mit zunehmender Anzahl an Elektronen schwächt sich die Kernanziehungskraft ab und das äußere Elektron kann leichter entfernt werden.

Hochreaktiv

Die silberfarbenen, in reiner Form sehr weichen Alkalimetalle reagieren mit Wasser äußerst heftig und unter Wasserstoffbildung. Mit Luftsauerstoff laufen sie zu Metalloxiden an.

Die Halogengruppe
Als viertes Element der Halogengruppe ist Iod weniger reaktiv als Fluor, Chlor und Brom, aber reaktiver als das darunter liegende Astat. Die Reaktivität von Tenness, dem letzten Element, ist unbekannt.

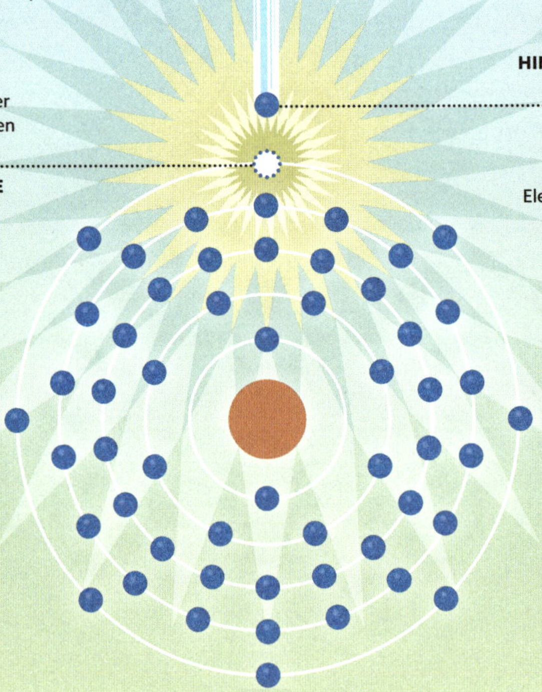

ELEKTRONENGREIFER

Als Nichtmetalle weisen die Halogene in ihrer äußeren Elektronenschale ein Elektron zu wenig auf. Halogenatome sind daher hochreaktiv und reagieren besonders heftig mit Metallen, um ihre äußere Schale aufzufüllen. Die Reaktivität der Halogene sinkt in der Gruppe mit steigendem Atomradius, da die Anziehungskraft des Kerns auf die immer weiter entfernten Valenzelektronen abnimmt.

NÜTZLICH UND VIELSEITIG

Zum einen als nützliche Werkstoffe, zum anderen als vielseitige Elemente geschätzt, besetzen die Übergangsmetalle das Zentrum des Periodensystems. Sie stellen die größte Elementgruppe dar und werden wegen des sequenziellen Auffüllens ihrer d-Orbital-Valenzelektronen auch d-Block-Elemente genannt (siehe S. 11). Viele Übergangsmetalle bilden farbige, wasserlösliche Ionenverbindungen.

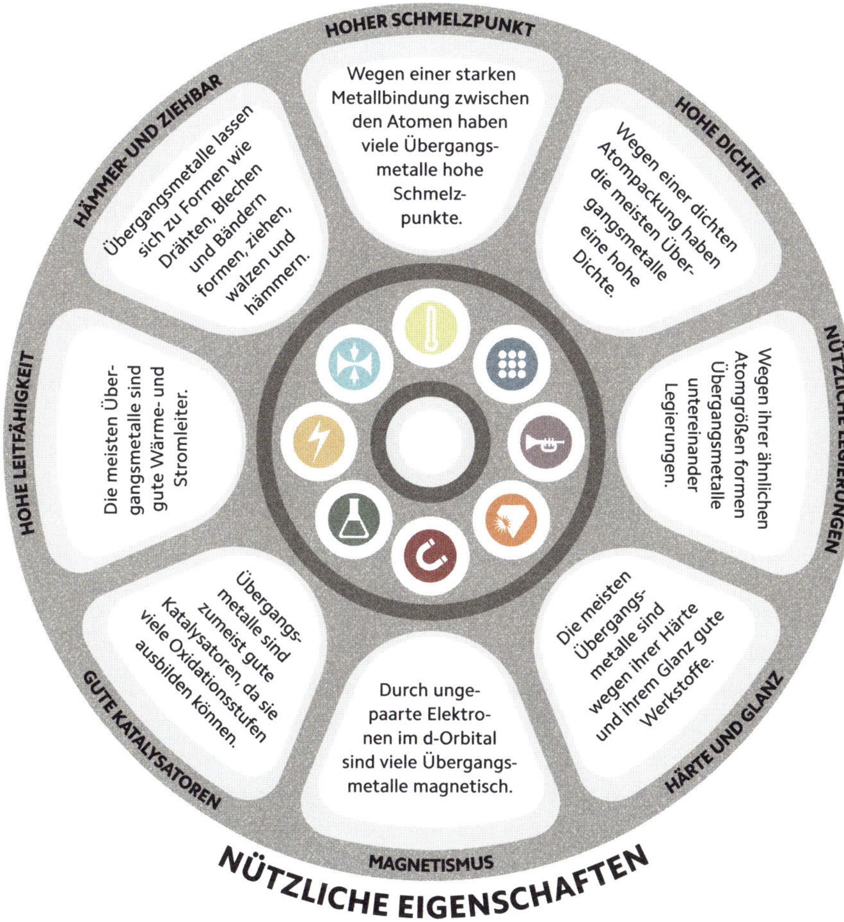

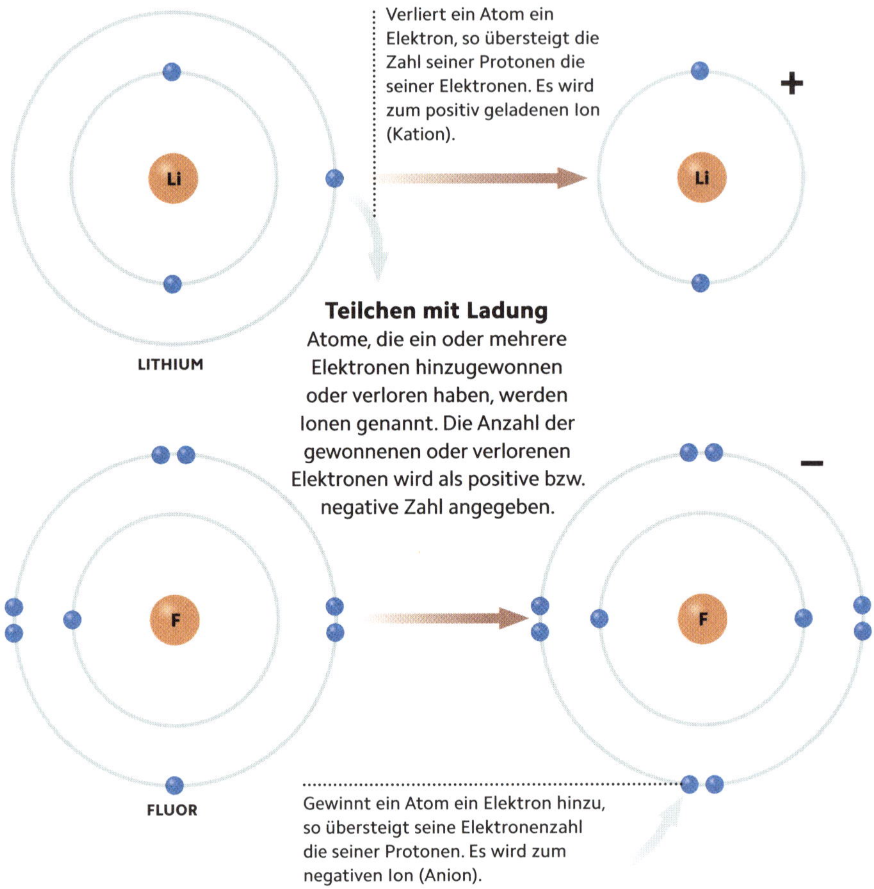

Teilchen mit Ladung
Atome, die ein oder mehrere Elektronen hinzugewonnen oder verloren haben, werden Ionen genannt. Die Anzahl der gewonnenen oder verlorenen Elektronen wird als positive bzw. negative Zahl angegeben.

GEWINNEN ODER VERLIEREN

Um eine stabile Elektronenschale zu erreichen, geben Atome entweder Valenzelektronen ab oder nehmen welche auf. Sie werden dadurch Ionen. Metalle geben Valenzelektronen ab und bilden positiv geladene Kationen. Nichtmetalle füllen ihre äußeren Schalen auf und werden zu negativen Anionen. Elektronenaufnahme und -abgabe ist das Prinzip der chemischen Bindung (siehe S. 36–37).

NEON

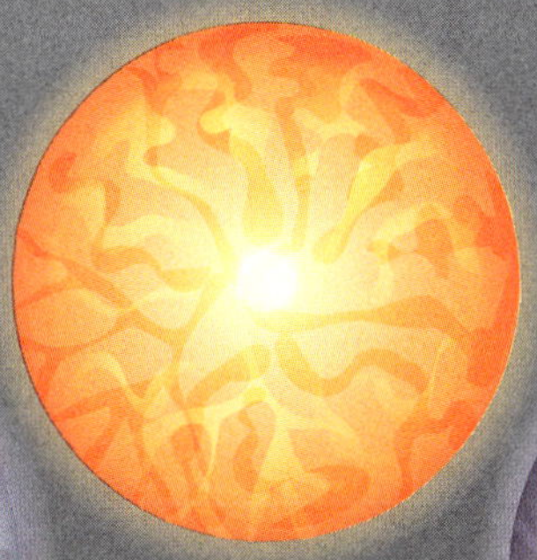

ARGON

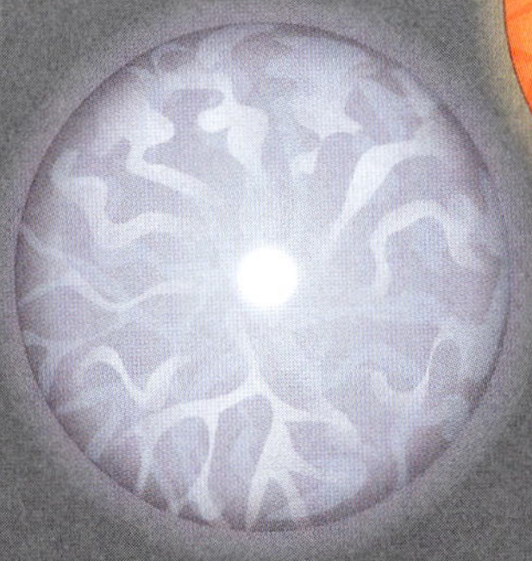

HELIUM

DIE UNBERÜHRBAREN

Als farb- und geruchslose sowie inerte Elemente bilden die Edelgase die letzte Gruppe des Periodensystems. Sie sind so reaktionsträge, weil sie eine volle äußere Elektronenschale besitzen, die den Atomen Stabilität verleiht. Lange blieben sie unentdeckt und wurden im Periodensystem nicht aufgeführt. Nach der Entdeckung von Argon im Jahr 1894 kamen jedoch bald weitere Mitglieder der neuen Gruppe hinzu.

KRYPTON

Edelgase
Die meisten Edelgase sind farblos. Die Farbigkeit entsteht durch elektrische Aufladung in einer Glaskugel.

XENON

VERBINDUNGSARTEN

Die Wechselwirkung der Valenzelektronen bestimmt die Art der chemischen Bindung. Teilen sich zwei Atome ein Elektronenpaar, liegt eine kovalente Bindung vor. Bei einer ionischen Bindung sind die Valenzelektronen des Metallatoms vollständig auf das Nichtmetall übergegangen, und die Ionen werden durch elektrostatische Anziehung zusammengehalten.

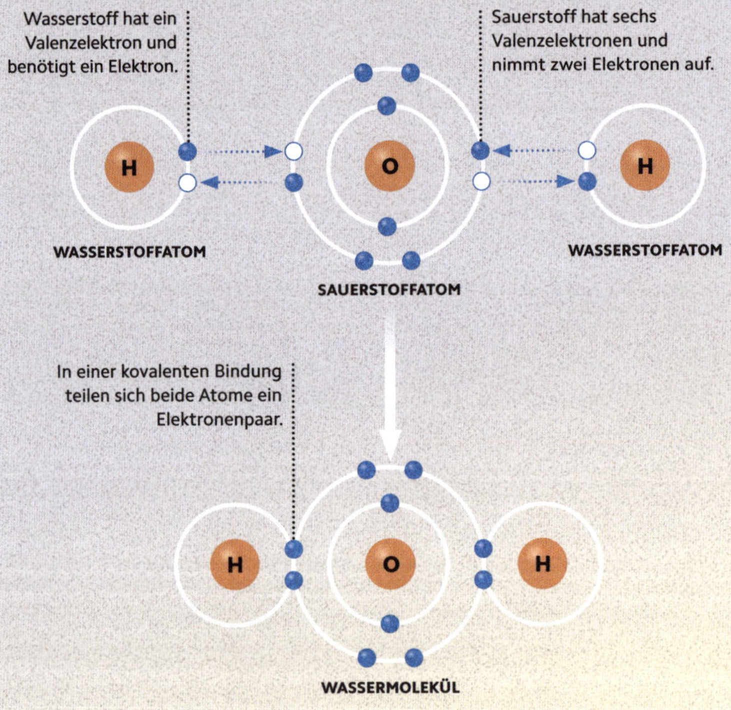

Kovalente Bindung
Atome mit mäßig starker Elektronegativität (siehe S. 40) geben ihre Elektronen nicht so einfach ab.

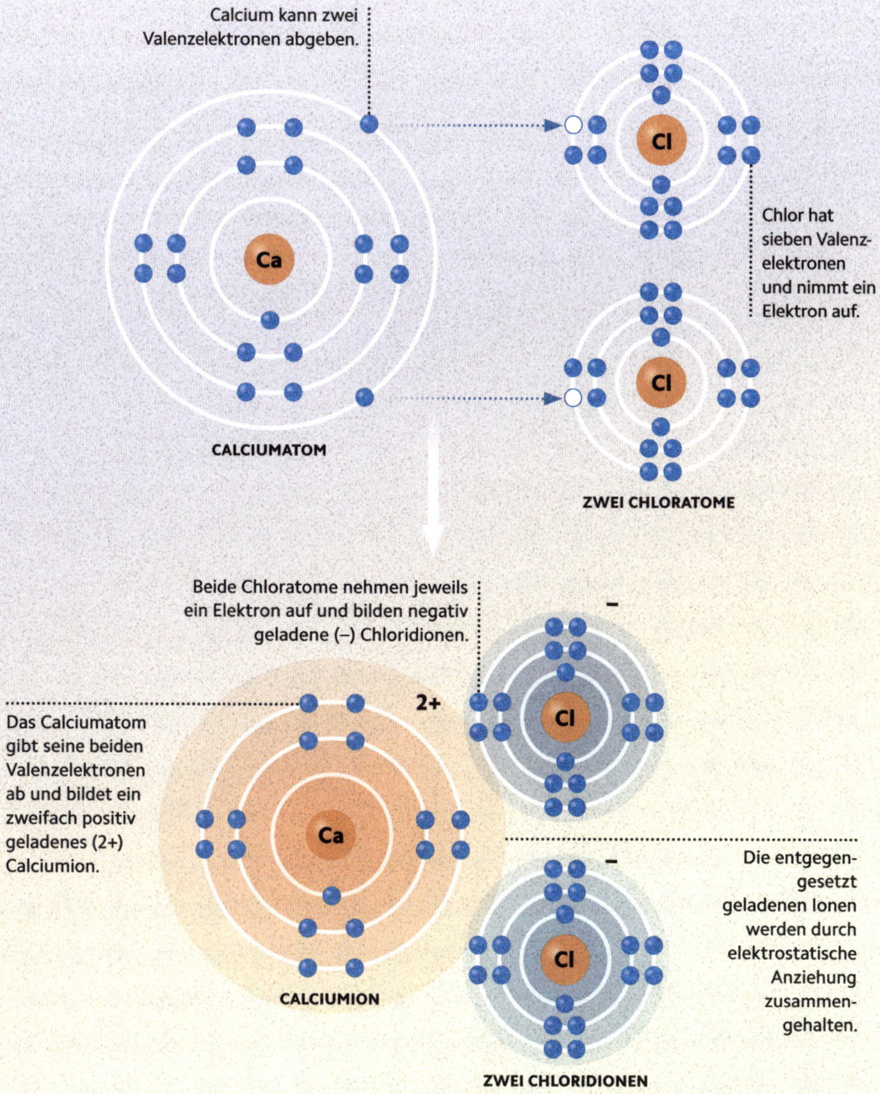

Ionenbindung
Atome mit stark unterschiedlicher Elektronegativität gehen Ionenbindungen ein. Metalle geben leicht Elektronen ab, Nichtmetalle nehmen sie auf.

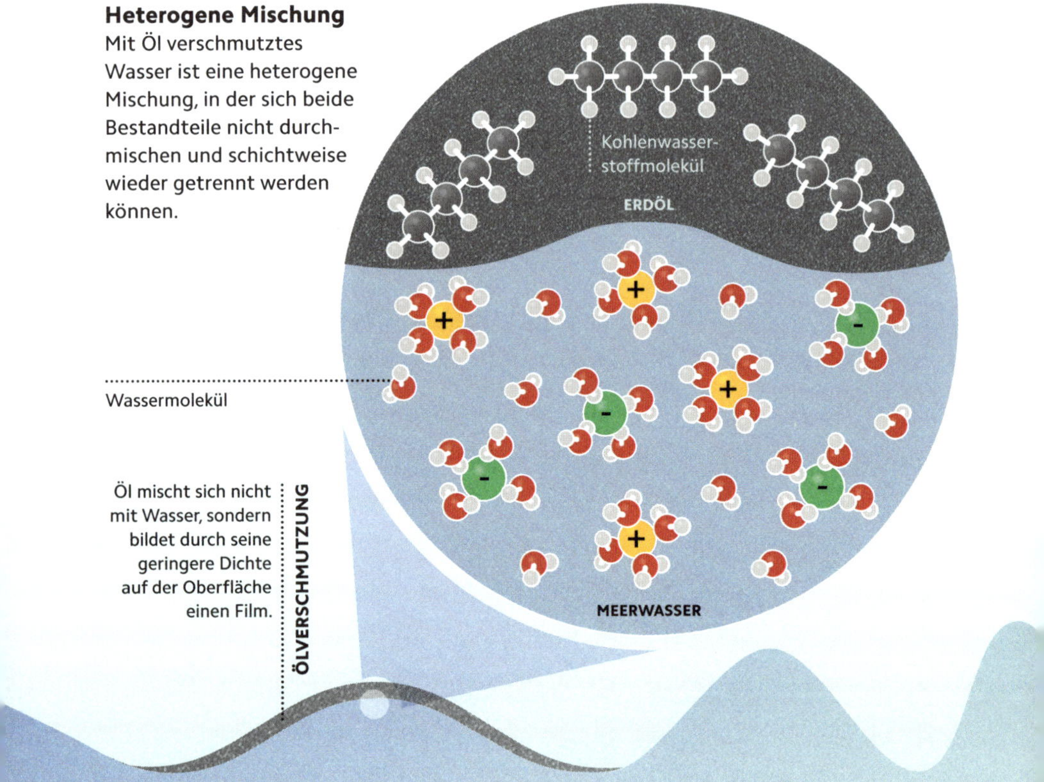

Heterogene Mischung
Mit Öl verschmutztes Wasser ist eine heterogene Mischung, in der sich beide Bestandteile nicht durchmischen und schichtweise wieder getrennt werden können.

MISCHEN UND VERTEILEN

Bei einer Mischung verteilen sich zwei Stoffe ineinander, ohne chemisch miteinander zu reagieren. Die Stoffe behalten ihre Eigenschaften und können durch physikalische Prozesse wie Filtrieren oder Destillieren wieder voneinander getrennt werden. Lösungen sind homogene Mischungen mit gleichmäßiger Verteilung beider Stoffe. In heterogenen Mischungen sind die Teilchen oft optisch voneinander unterscheibar und ungleichmäßig verteilt. Eine Suspension ist eine heterogene Mischung aus Festkörperteilchen in einer Flüssigkeit oder einem Gas.

Homogene Mischung

Meerwasser ist eine homogene Mischung aus Salz und Wasser. Gelöste Natrium- und Chloridionen verteilen sich gleichmäßig im Lösungsmittel. Durch Verdunstung trennen sich Wasser und Salz wieder voneinander.

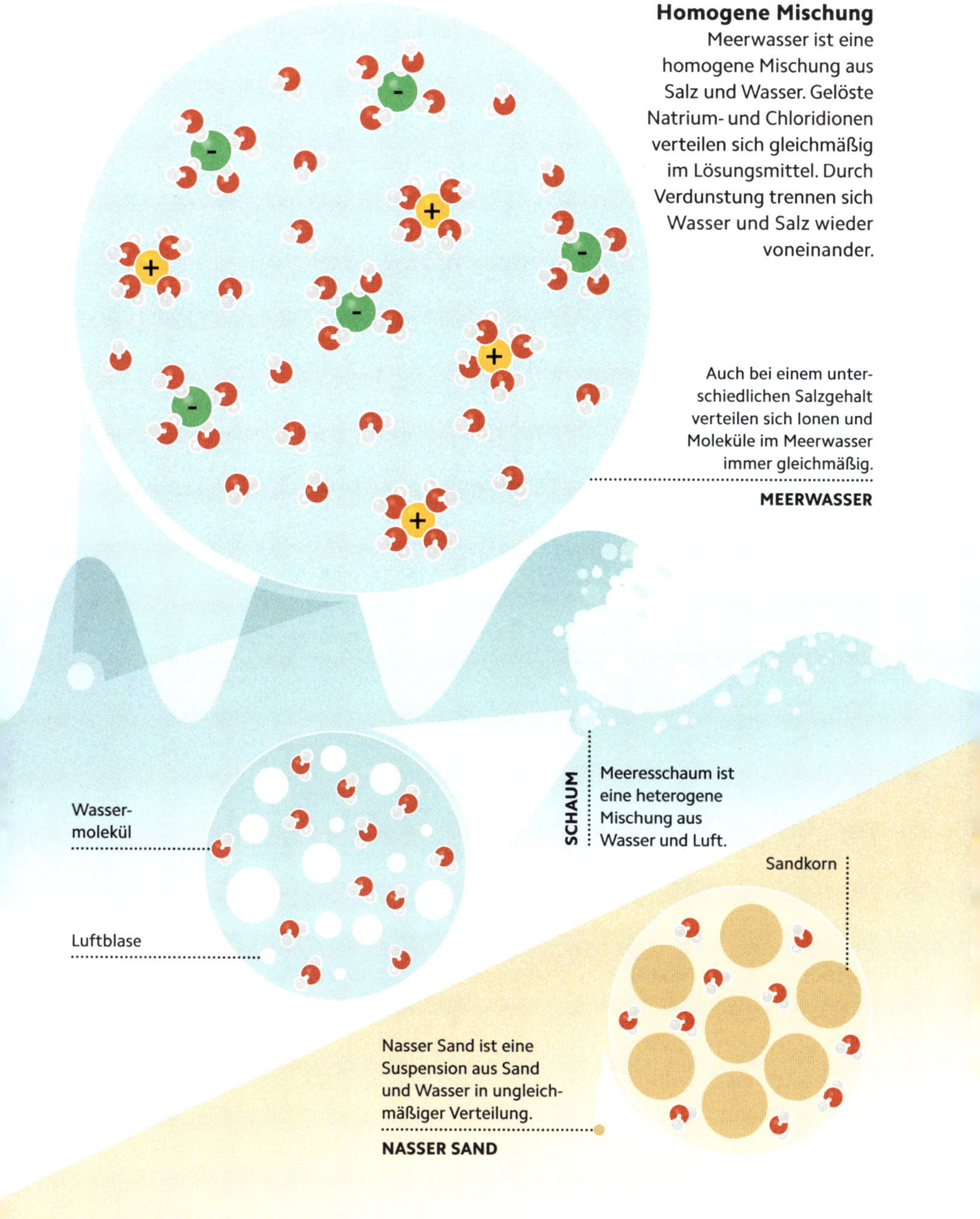

ELEKTRONENZUG

Die Elektronegativität gibt an, wie stark ein Atom Elektronen an sich heranziehen kann. Teilen sich in einer Verbindung zwei Atome Elektronen, so halten diese sich daher näher an einem von beiden auf. Die Elektronegativität beeinflusst Struktur und Reaktivität des Moleküls. Im Periodensystem (siehe S. 14–15) steigt die Elektronegativität in den Zeilen von links nach rechts an und nimmt in den Gruppen von oben nach unten ab.

Veränderte Anziehung
Innerhalb einer Periode nimmt die Anzahl der Protonen im Kern zu und somit dessen Anziehungskraft auf die Elektronen. Innerhalb einer Elementgruppe nimmt die Anziehung auf die Elektronen ab, da sich die Kernanziehung über mehr Elektronenschalen verteilt.

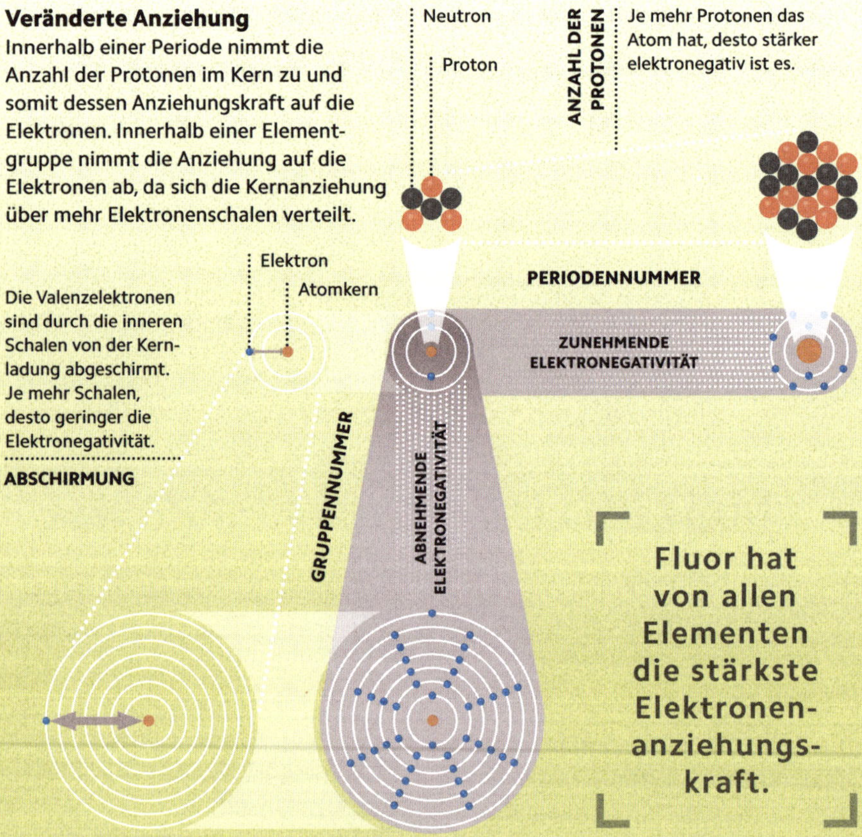

Fluor hat von allen Elementen die stärkste Elektronenanziehungskraft.

Polarität von Wasser
Die elektrische Ladung ist im Wassermolekül ungleichmäßig verteilt. Es ist ein Dipol und hat wie ein Magnet ein positives und ein negatives Ende.

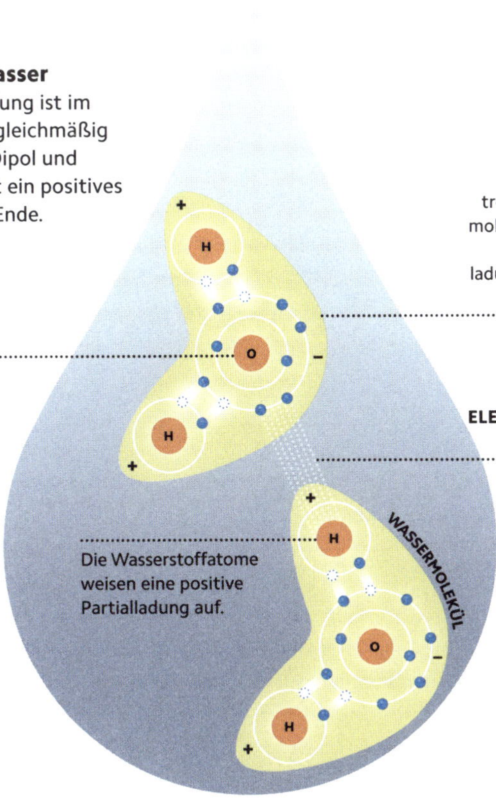

MOLEKULARE MAGNETE

Ohne Wasserstoffbrückenbindungen würde die Welt völlig anders aussehen. Moleküle, die stark elektronegative Elemente wie Stickstoff oder Fluor und Wasserstoff enthalten, haben einen elektrostatischen Dipol, das heißt, sie haben eine positive und eine negativ geladene Seite (Pol). Da sich entgegengesetzte Pole anziehen, entstehen zwischenmolekulare Kräfte – die für die Eigenschaften von Stoffen wie Wasser eine entscheidende Rolle spielen.

Schwache Anziehung
Fluktuationen in der Elektronenwolke führen durch eine ungleichmäßige Ladungsverteilung zu einer schwachen Anziehungskraft.

ALLES ATTRAKTIV

−

+

VERSCHOBENE ELEKTRONENWOLKE

Eine Verschiebung der Elektronenwolke eines Atoms oder Moleküls führt bei anderen Atomen oder Molekülen kurzzeitig zu einem positiven und negativen magnetischen Pol.

ELEKTRONENVERTEILUNG

Van-der-Waals-Kräfte sind schwache Anziehungskräfte zwischen Atomen oder Molekülen, die durch kurzzeitige Verschiebungen in der Elektronendichte hervorgerufen werden. Elektronen sind nicht nur Teilchen, sondern sie bilden eine Art Ladungswolke am Atom oder Molekül (siehe S. 11). Fluktuationen in der Wolke wirken sich netto als eine elektromagnetische Anziehungskraft aus, die Feststoffe, Flüssigkeiten und Gase beeinflusst.

KURZZEITIGER DIPOL

Bei einer Verlagerung von Elektronen auf eine Molekülseite wird diese Seite negativ aufgeladen. Die andere Seite wird positiv.

−

ELEKTROMAGNETISCHE ANZIEHUNG

+

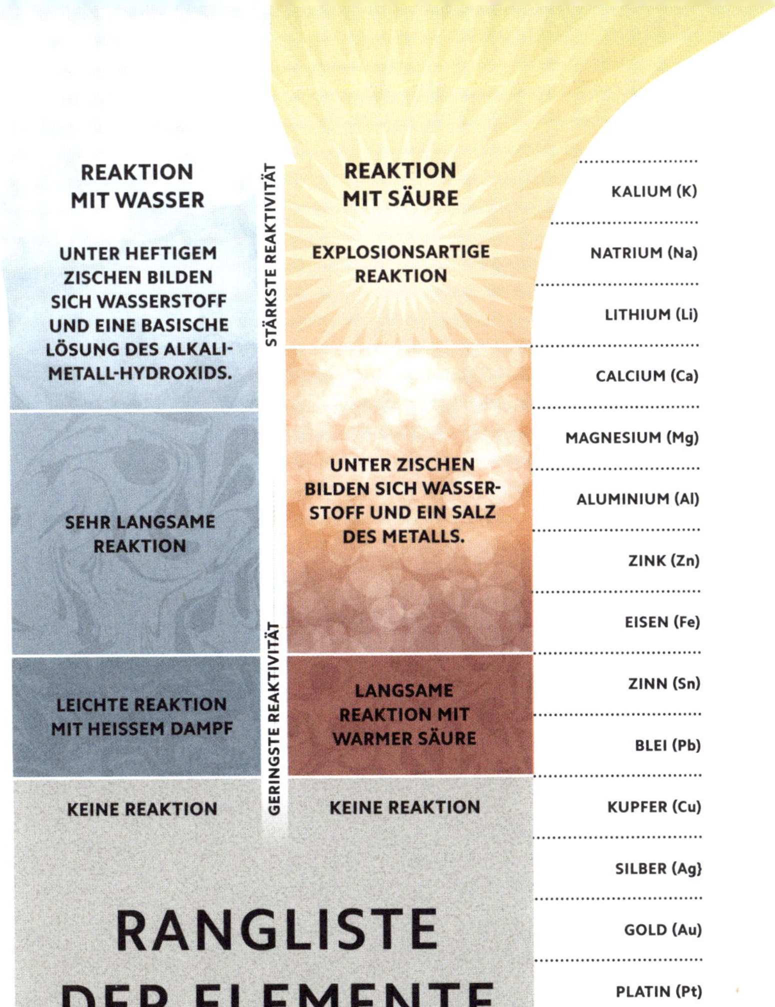

RANGLISTE DER ELEMENTE

Metalle sind nützliche Werkstoffe, aber man muss ihr Verhalten genau kennen. Reaktionsreihen geben die Reaktionsfreudigkeit eines Metalls gegenüber Wasser oder verdünnten Säuren wieder. Sie zeigen auch, ob es sich durch ein anderes Metall in einer Verbindung verdrängen lässt, was für den Erzbergbau wichtig ist.

LINKS- UND RECHTS-HÄNDIGE MOLEKÜLE

Die Stereochemie bezieht sich auf die räumliche Anordnung von Atomen in einem Molekül. Moleküle mit der gleichen chemischen Formel, aber einem unterschiedlichen Aufbau, werden Isomere genannt. Enantiomere sind Isomere mit exakt spiegelbildlicher räumlicher Struktur. Sie sind fast identisch – und doch biologisch unterscheidbar. Die Enantiomere des Duftstoffs Limonen riechen zum Beispiel unterschiedlich.

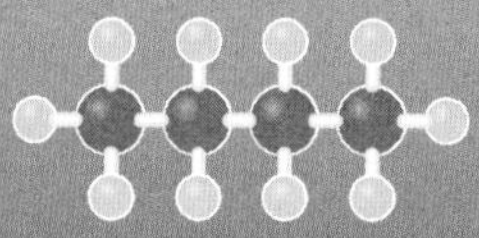

BUTAN

2-METHYLPROPAN

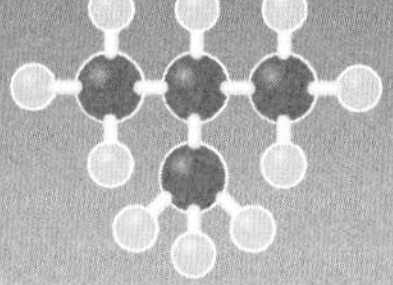

Strukturisomere

In Strukturisomeren sind die Atome bei gleicher chemischer Formel unterschiedliche verknüpft. Der Kohlenwasserstoff Butan ist kettenförmig, 2-Methylpropan verzweigt.

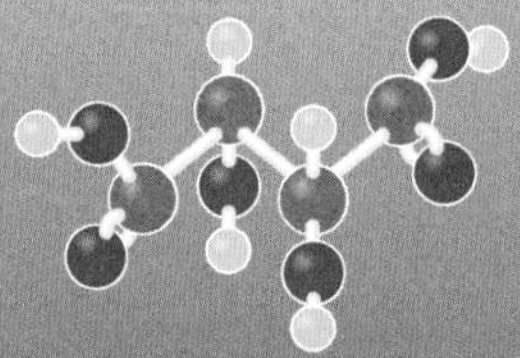

(+)-WEINSÄURE

MESO-WEINSÄURE

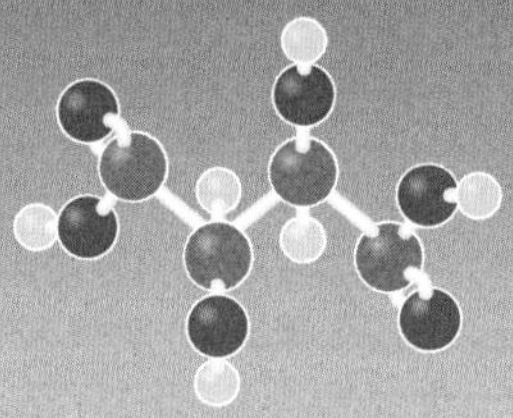

Diastereomere

Diastereomere sind bei gleicher Formel und gleicher Verknüpfung dennoch unterschiedlich aufgebaut. Die beiden Formen von Weinsäure lösen sich unterschiedlich gut in Wasser.

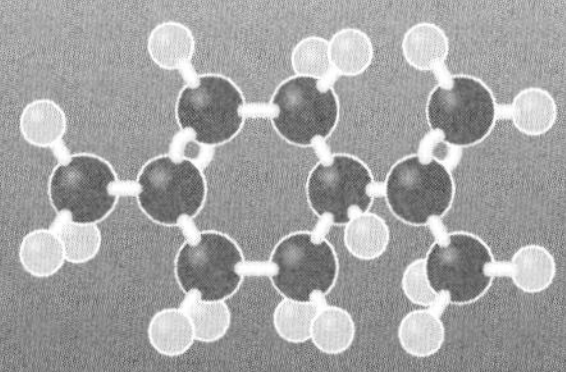

(+)-LIMONEN

(–)-LIMONEN

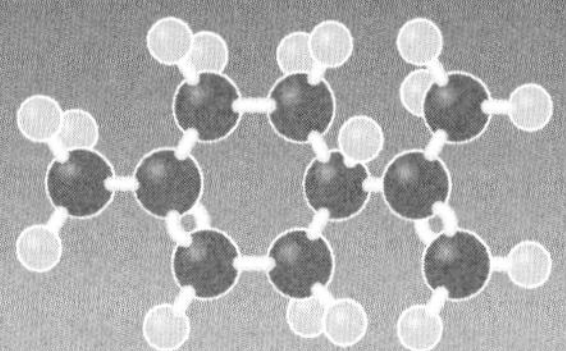

Enantiomere

Enantiomere sind optische Isomere. Sie haben die gleiche chemische Formel und die gleichen Verknüpfungen, aber in spiegelbildlicher Anordnung, so wie bei der linken und rechten Hand.

REGELMÄSSIGE SCHÖNHEITEN

KUBISCH-FLÄCHENZENTRIERT

In der Struktur von Kochsalz (NaCl) befindet sich an jeder Ecke und in der Mitte jeder Fläche die gleiche Art Ion. Die Diamantstruktur sind zwei übereinandergelegte kubisch-flächenzentrierte Gitter.

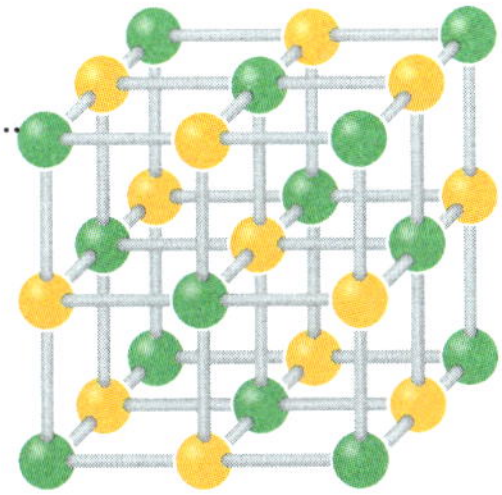

KOCHSALZ

KUBISCH-RAUMZENTRIERT

In der Metallstruktur von beispielsweise Chrom, Eisen und Wolfram sitzt an jeder Würfelecke und in jeder Würfelmitte ein Atom.

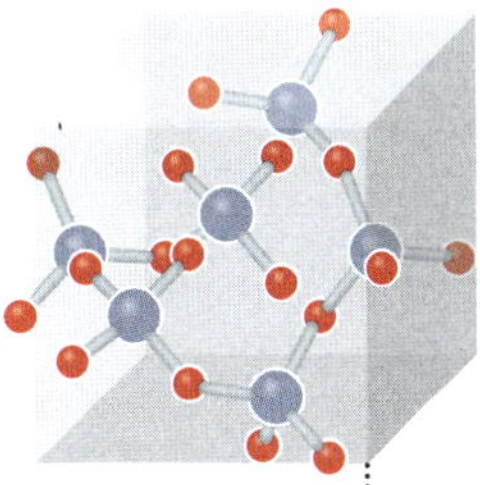

QUARZ

Geordnete Struktur

Die kleinste Baueinheit im Kristallgitter ist die Einheitszelle. Deren Struktur wiederholt sich im ganzen Gitter.

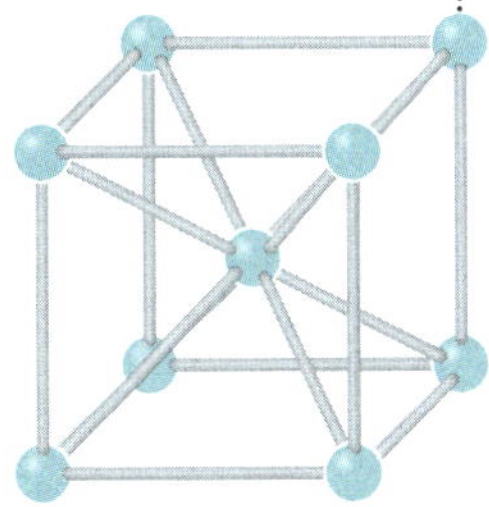

EISEN

TRIGONAL

Im Mineral Quarz (SiO_2) ist jedes Siliziumatom (blau) mit vier Sauerstoffatomen (rot) tetraederförmig verbunden. Diese Struktur bildet ein unendliches Gitter.

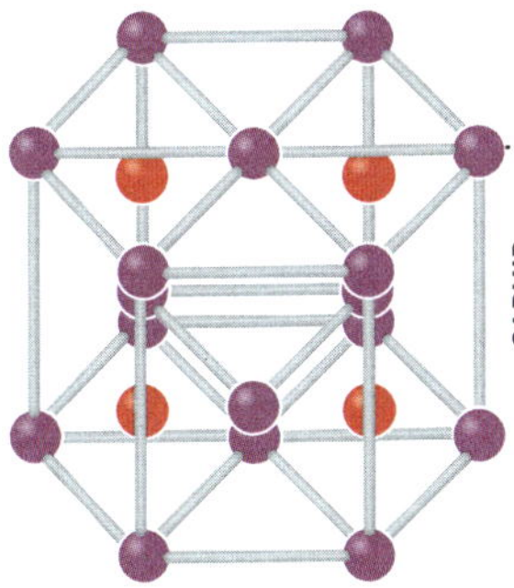

SAPHIR

HEXAGONAL-DICHTGEPACKT

Saphir (Al_2O_3) ist ein dicht gepacktes Gitter aus zwei Lagen Aluminiumatomen (violett) in sechsseitiger (hexagonaler) Anordnung mit dazwischenliegenden Sauerstoffatomen (rot).

In kristallinen Festkörpern bilden die Teilchen eine unendliche, hochgeordnete, regelmäßige Wiederholungsstruktur, das Kristallgitter. Viele Gesteine, Minerale und Metalle sind kristallin aufgebaut. Aus der Ordnung der Atome und Ionen im Feststoff ergeben sich Eigenschaften wie Härte, Schmelzpunkt, Leitfähigkeit sowie der ideelle Wert der makellosen Edelsteine. Die Kristallstruktur lässt sich durch ihre kleinste mögliche Wiederholungseinheit beschreiben: die Einheitszelle.

GEGEN-POLE

Säuren werden chemisch als Wasserstoffdonoren beschrieben: Sie geben in Wasser Wasserstoffionen ab. Basen geben in Wasser umgekehrt Hydroxidionen ab. Gibt man eine Säure zu einer Base, so neutralisieren sich beide Stoffe und es bilden sich Wasser und ein Salz (eine Verbindung aus positiv und negativ geladenen Ionen).

SÄUREN

Manche Säuren zerfallen in Wasser. Dabei geben sie positiv geladene Wasserstoffionen (H^+) in die Lösung ab.

NEUTRALISIERUNG UND SALZBILDUNG

Gibt man Säuren und Basen zusammen, reagieren die von der Säure freigesetzten Wasserstoffionen (H^+) mit den von der Base abgegebenen Hydroxidionen (OH^-). Es entstehen Wasser und ein Salz.

BASEN

Basen geben in Wasser Hydroxidionen ab, die sich leicht mit positiv geladenen Teilchen verbinden. Basische Lösungen werden auch alkalische Lösungen oder Laugen genannt.

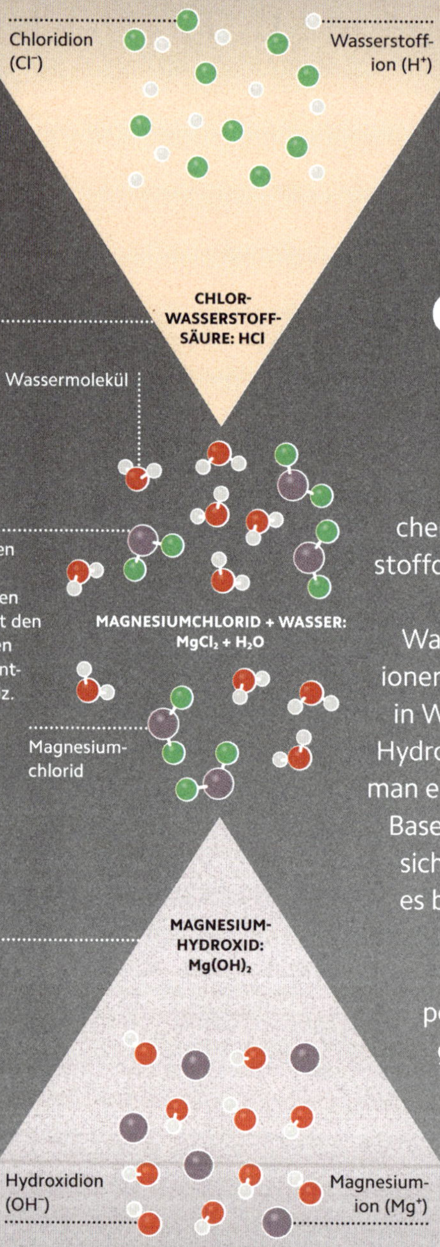

SAUER UND BASISCH

Auf der pH-Skala werden Säuren und Basen nach ihrer Stärke aufgeführt. Die Säure- und Basenstärke wird anhand der Konzentration von Wasserstoffionen in einer Lösung gemessen. Je höher die Konzentration, desto saurer ist ein Stoff. Den pH-Wert kann man mit einem Universalindikator (siehe S. 82–83) anhand eines Farbumschlags bestimmen. Die Konzentration von Wasserstoffionen in einer Lösung kann auch mit einer elektronischen Sonde bestimmt werden.

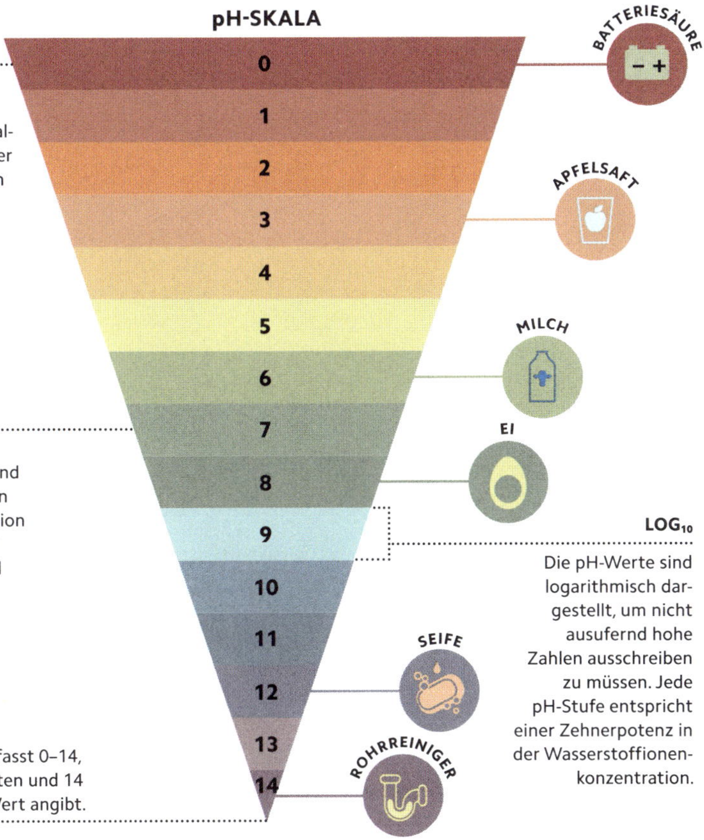

Als pH-Skala dienen häufig die Farben des Universalindikators, die bei der Reaktion mit Säuren auftreten.

Bei pH 7 liegen die Wasserstoffionen und die Hydroxidionen in gleicher Konzentration vor. Stoffe mit pH 7 (reines Wasser) sind neutral.

Der pH-Bereich umfasst 0–14, wobei 0 den sauersten und 14 den alkalischsten Wert angibt.

LOG_{10}

Die pH-Werte sind logarithmisch dargestellt, um nicht ausufernd hohe Zahlen ausschreiben zu müssen. Jede pH-Stufe entspricht einer Zehnerpotenz in der Wasserstoffionenkonzentration.

In aromatischen Molekülen – auch Arene oder Aromaten genannt – sind die Atome ringförmig angeordnet und haben besonders starke kovalente Bindungen. Der bekannteste Aromat ist Benzol (C_6H_6). Es ist ein Ring aus sechs Kohlenstoffatomen, die jeweils außen mit einem Wasserstoffatom verbunden sind. Die Elektronen im Ring sind delokalisiert – sie werden von allen Kohlenstoffatomen gemeinsam geteilt.

STABILE RINGE

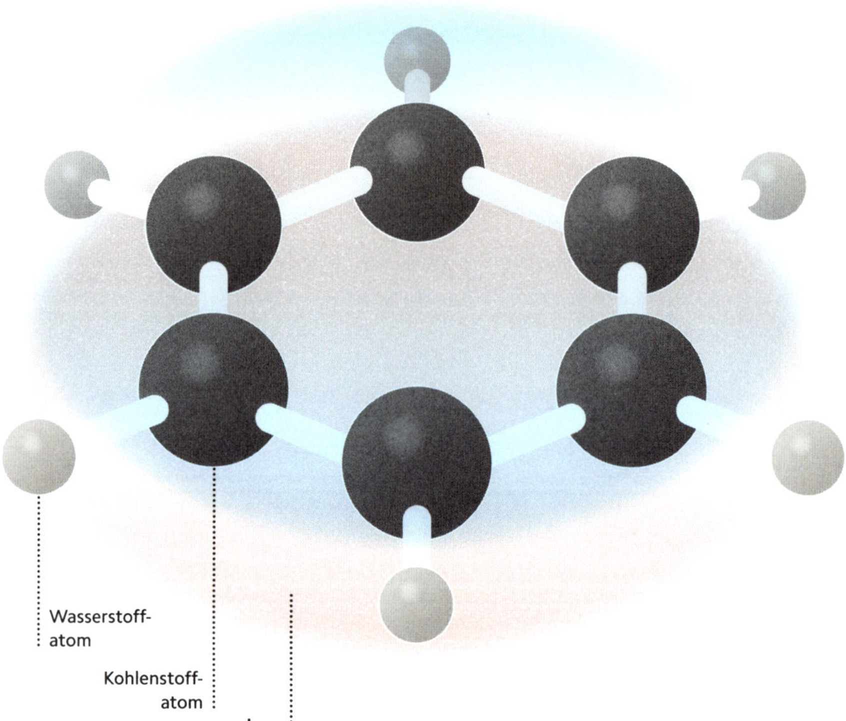

Eine ringförmige Wolke aus Elektronen verteilt sich gleichmäßig oberhalb und unterhalb aller sechs Kohlenstoffatome. Durch diese Konfiguration ist Benzol außerordentlich stabil.

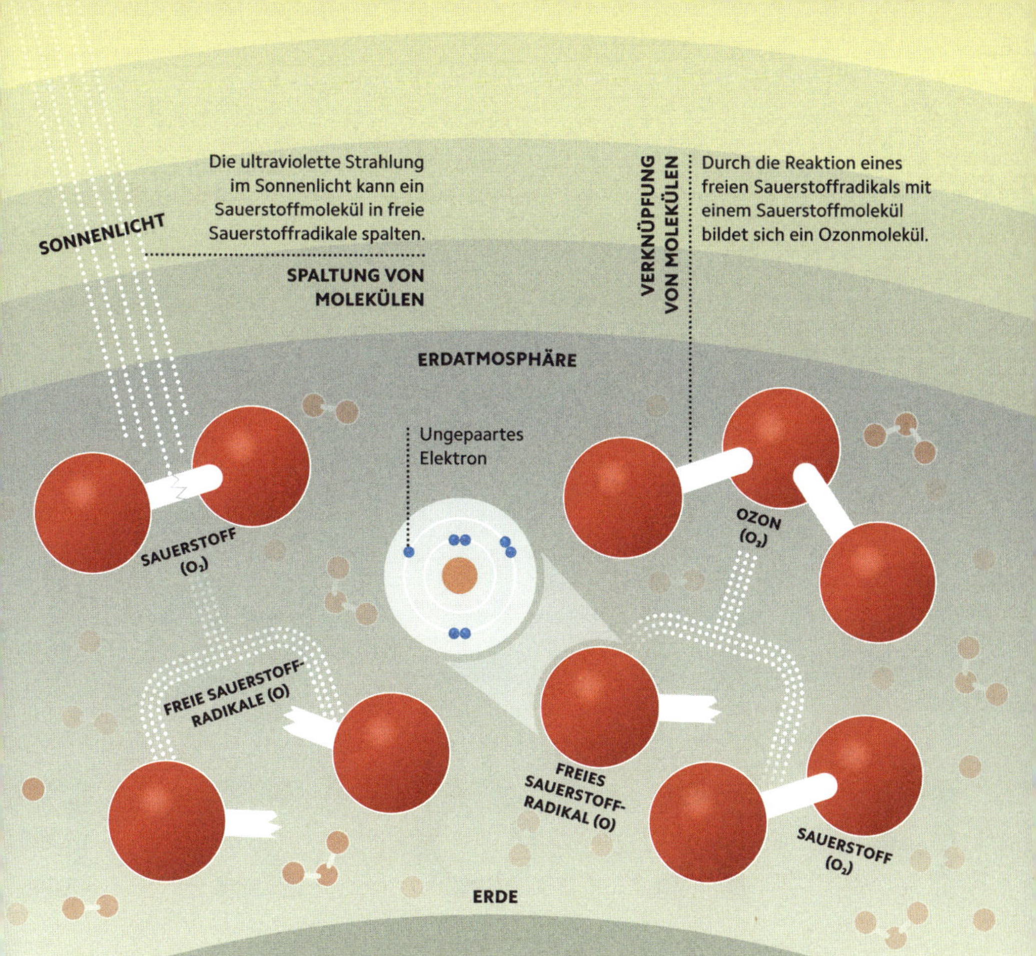

GIERIGE ATOME

Freie Radikale sind Atome, Moleküle oder Ionen, die nach einem Bindungsbruch ein einzelnes, ungepaartes Elektron aufweisen. Radikale bilden sich durch ionisierende Strahlung (hochenergetische Wellen oder Teilchen, die ein Elektron aus einem Atom herausschlagen können), Wärme, Licht oder elektrische oder chemische Prozesse. Ultraviolette Strahlung kann zum Beispiel Sauerstoffmoleküle in der Atmosphäre in freie Sauerstoffradikale spalten, die dann weiter zu Ozon reagieren. Freie Radikale sind hochreaktiv, sowohl mit anderen Stoffen als auch untereinander. Einige Radikalreaktionen werden zu Kettenreaktionen.

C H E M I
P R O Z E

S C H E
S S E

Von der Verbrennung über Korrosion bis zur Kochkunst – chemische Prozesse gestalten unser Leben und unsere Welt. Bei jeder chemischen Reaktion (etwa Addition, Eliminierung und Substitution) ordnen sich die Atome in den Verbindungen neu an. Dabei werden chemische Bindungen gespalten und neue geschlossen. Antoine Lavoisier erkannte im 18. Jahrhundert den Zusammenhang von Wärme und Umwandlung und legte die Grundlagen für unser modernes Verständnis der Chemie: Materie verhält sich quantitativ und vorhersagbar. So können Chemiker und Chemikerinnen chemische Prozesse in Richtung maximaler Ausbeute, Effizienz, Zuverlässigkeit und Nachhaltigkeit lenken.

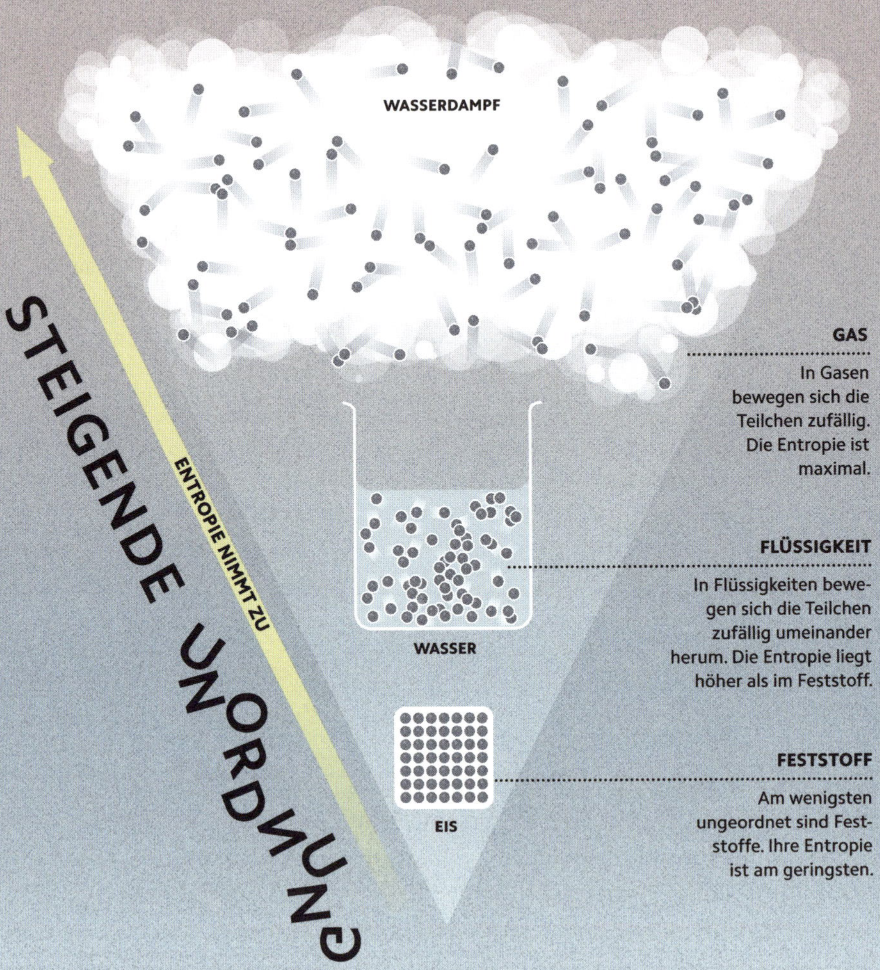

Man kann sich die Entropie als ein Maß für die Unordnung in einem System vorstellen. Alle Systeme streben über die Zeit nach höherer Unordnung. Um Ordnung zu gewinnen, benötigt das System Energie. Gibt man etwa einen Tropfen schwarzer Tinte in Wasser, mischen sich Wasser und Tinte und können kaum wieder voneinander getrennt werden. Der Entropiegehalt eines Stoffs hängt von seinem Aggregatszustand ab. Die Formel von Eis, Wasser und Wasserdampf ist immer H_2O, aber eine bestimmte Anzahl Moleküle hat in flüssigem Wasser eine höhere Entropie als die gleiche Anzahl Moleküle in Eis.

Bindungsbruch
Die Bindungsenthalpie ist die Menge Energie, die benötigt wird, um ein Mol chemische Bindungen in einzelne Atome zu spalten (siehe S. 22).

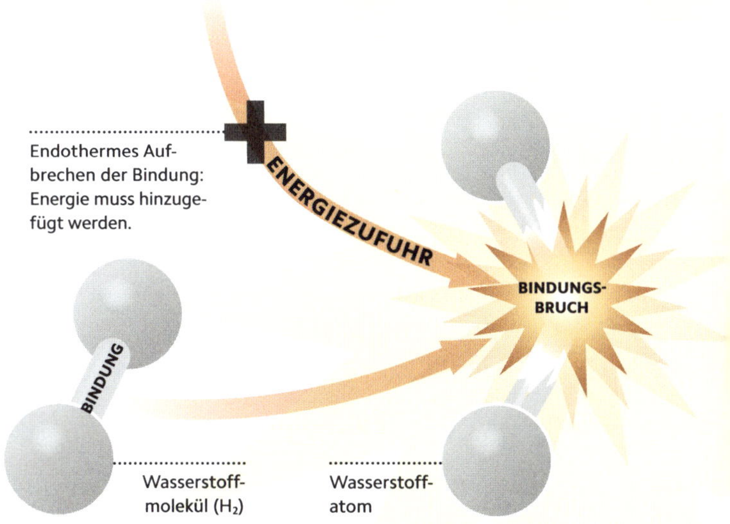

BINDUNGSENERGIEN

Der Wärmegehalt eines Systems wird als Enthalpie bezeichnet. Um eine Bindung aufzubrechen, muss Energie hineingesteckt werden. Die Bindungsenthalpie ist diejenige Menge Energie, die für den Bruch von 1 Mol kovalenter Verbindungen (siehe S. 36) in einem Gas benötigt wird. Ihr Betrag ist positiv. Der gleiche Energiebetrag, aber negativ, wird bei der Knüpfung dieser Bindung freigesetzt. Die Gesamtenthalpie kann positiv oder negativ sein, je nachdem wie viele Bindungen bei einer Reaktion gebrochen oder geschlossen werden.

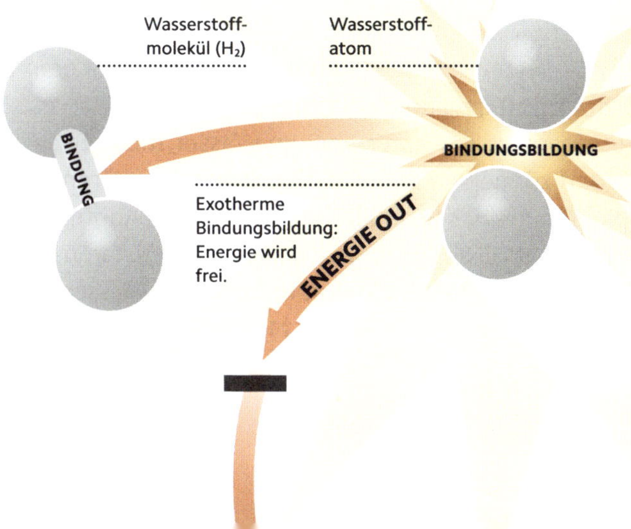

Bindungsbildung
Freie Atome haben ein höheres Energieniveau als Atome in einer stabilen Bindung. Das Schließen der Bindung setzt also genauso viel Energie frei, wie beim Aufbrechen dieser Bindung hineingesteckt wird.

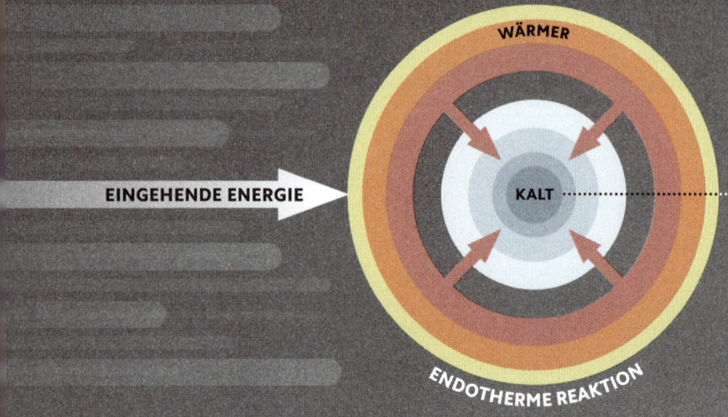

KÜHLENDE UMGEBUNG

Endotherme Reaktionen nehmen aus der Umgebung Energie auf. Wir nehmen solche Reaktionen als kühlend wahr.

ENERGIEFLÜSSE

Bei einer chemischen Reaktion verändert sich der Energiezustand des Systems. Die Energiebilanz zwischen hineinfließender Energie für den Bindungsbruch und abfließender Energie bei der Bindungsknüpfung kann negativ oder positiv sein (siehe S. 53). Insgesamt wird also entweder Energie abgegeben oder aufgenommen. Bei exothermen Reaktionen wird Energie abgegeben, die Umgebung wird wärmer. Bei endothermen Reaktionen wird Energie aufgenommen, die Umgebung kühlt etwas ab.

UMGEBUNG ERWÄRMT SICH

Exotherme Reaktionen geben an die Umgebung Energie ab. Sie fühlen sich daher häufig heiß an. Das Gesamtsystem erreicht jedoch ein tiefer liegendes Energieniveau.

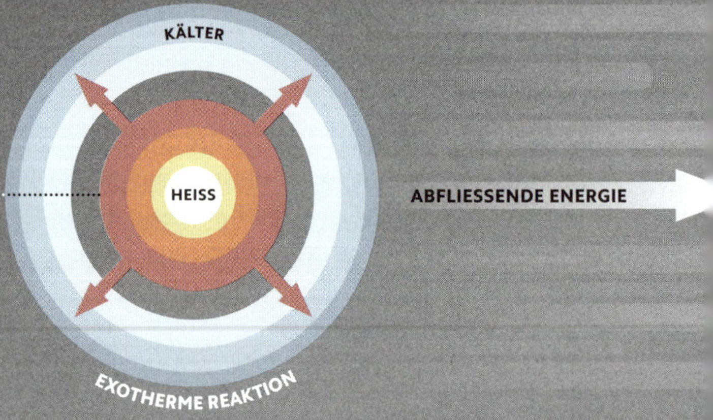

WASSERSTOFF-MOLEKÜL
In beiden Wasserstoffmolekülen sind die Atome durch eine Einfachbindung verknüpft. In Summe sind es vier Atome.

SAUERSTOFF-MOLEKÜL
Im Sauerstoffmolekül sind die beiden Sauerstoffatome durch eine Doppelbindung verknüpft.

WASSER-MOLEKÜLE
In beiden neu entstandenen Molekülen Wasser bilden zwei Wasserstoffatome mit einem Sauerstoffatom eine Einfachbindung aus.

$$2H_2 + O_2 \rightarrow 2H_2O$$

EDUKTE **PRODUKTE**

ATOME ABZÄHLEN

AUSGEGLICHENE MASSENBILANZ
Auf beiden Seiten des Pfeils zählen wir die gleiche Anzahl und den gleichen Typ Atome. Die Waage ist »ausgeglichen«.

Bei einer chemischen Reaktion ordnen sich Atome neu an, werden aber niemals erzeugt oder zerstört. So sind zum Beispiel bei der Reaktion von Wasserstoff und Sauerstoff genau vier Wasserstoff- und zwei Sauerstoffatome beteiligt. Sowohl die Edukte als auch das Produkt Wasser enthalten diese Zahl. Bindungen ordnen sich um, aber die Anzahl der Atome und somit auch die Massenbilanz bleiben gleich.

PARTNERTAUSCH

Bei chemischen Reaktionen werden Bindungen gebrochen und neue geknüpft. In den Edukten (Ausgangsstoffe) lösen sich Bindungen, in den Produkten (entstandene Stoffe) bilden sich neue. Beim Lösen wird Energie benötigt, beim Neuverknüpfen wird Energie frei. Wie viel Energie hinein- und hinausgeht, unterscheidet sich je nach der Art der Bindung. So benötigt die Spaltung der besonders festen Dreifachbindung im N_2-Molekül zum Beispiel besonders viel Energie.

Bindungen lösen und schließen
Bei einer Reaktion werden sowohl Bindungen gelöst (in den Edukten, was Energie benötigt) als auch neue geknüpft (in den Produkten, wobei Energie frei wird).

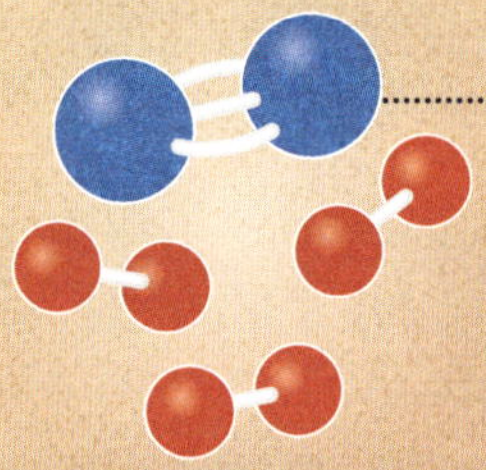

STICKSTOFF UND WASSERSTOFF
Drei Wasserstoffmoleküle (H_2) reagieren mit einem Stickstoffmolekül (N_2).

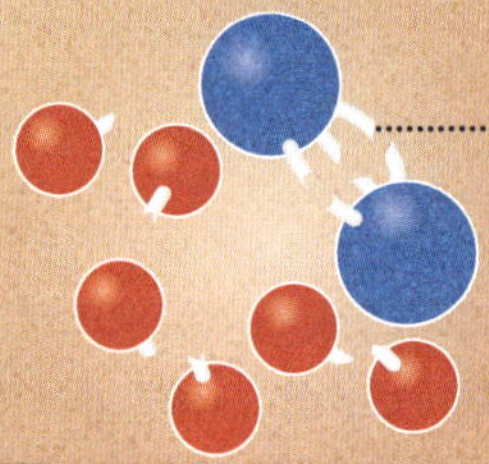

BINDUNGSBRUCH
Zuerst werden die Bindungen in den Edukten (H_2 und N_2) gebrochen, wofür Energie in Form von Wärme oder Druck benötigt wird.

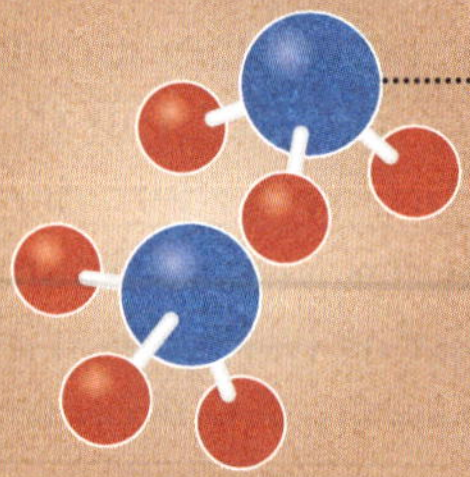

NEUE BINDUNGEN
Für das Produkt Ammoniak (NH_3) knüpfen Stickstoff und Wasserstoff neue Bindungen. Dabei wird Energie frei.

Fast 78 % der Erdatmosphäre besteht aus Stickstoff. Seine Molekülbindung ist sehr fest.

In beide Richtungen
Eine Reaktionsgleichung wird so geschrieben, dass die Edukte links stehen und die Produkte rechts. Manche Reaktionen laufen gleichermaßen von links nach rechts wie von rechts nach links.

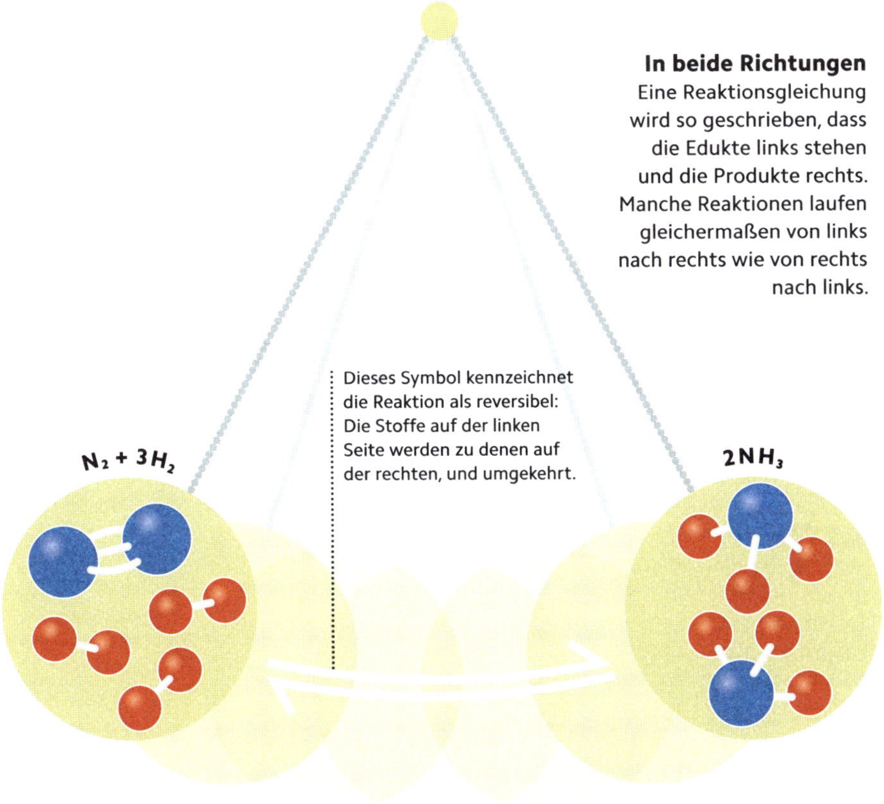

VORWÄRTS, RÜCKWÄRTS

Wir denken häufig, dass chemische Reaktionen nur in eine Richtung ablaufen können. Je nach Bedingungen (siehe S. 62–63) kann es aber auch sein, dass aus den Produkten wieder die Edukte werden. Man nennt solche Reaktionen reversibel. Eine reversible Reaktion ist zum Beispiel die Umsetzung von Stickstoff (N_2) und Wasserstoff (H_2) zu Ammoniak (NH_3). Hohe Drücke fördern die Bildung des Produkts, denn es sind weniger Moleküle, die weniger Raum einnehmen. Unter anderen Reaktionsbedingungen ist es wahrscheinlicher, dass Ammoniak wieder zu seinen Edukten Stickstoff und Wasserstoff zerfällt.

Die Gibbs-Energie (G) ist ein Maß für die verfügbare Energie in einem System. Durch die Formelgleichung (unten) sind Enthalpie, Entropie und Temperatur miteinander verknüpft. Anhand der Gleichung lässt sich berechnen, ob eine Reaktion – bei konstanter Temperatur und konstantem Druck – abläuft oder nicht. Ein negatives Ergebnis (negative Änderung der Gibbs-Energie) besagt, dass bei dieser Reaktion G abnimmt, die Reaktion also spontan und ohne weitere Energiezufuhr abläuft. Ein positives Ergebnis zeigt an, dass es keine Reaktion gibt. Manche Reaktionen laufen nur in einem bestimmten Temperaturbereich ab, andere laufen nie ab.

REAKTION, JA ODER NEIN?

Berechnung von ΔG
Mit dieser Formelgleichung wird die Änderung der Gibbs-Energie berechnet.

ÄNDERUNG DER ENTHALPIE
Wärmemenge, die während der Reaktion aufgenommen oder abgegeben wird.

ÄNDERUNG DER ENTROPIE
Änderung der Entropie (siehe S. 52) während der Reaktion

$$\Delta G = \Delta H - T \times \Delta S$$

ÄNDERUNG DER GIBBS-ENERGIE
Das Symbol Δ bedeutet Änderung: Die Änderung von G während der Reaktion entspricht der in der Reaktion verfügbaren Energie.

TEMPERATUR (IN KELVIN)
Temperatur in Kelvin (Einheit für die Temperatur), bei der die Reaktion stattfindet

Damit es eine Reaktion gibt, müssen Teilchen mit anderen zusammenstoßen (siehe S. 60–61) und beim Zusammenstoß genügend Energie mitbringen. Die kleinste, für eine Reaktion erforderliche Energiemenge wird als Aktivierungsenergie bezeichnet. Bei endothermen Reaktionen (siehe S. 54) haben die Produkte eine höhere Energie als die Edukte. Das bedeutet, die Enthalpieänderung ΔH ist positiv. Bei einer exothermen Reaktion (siehe S. 54) ist ΔH negativ. In jedem Fall muss eine Energiebarriere überwunden werden: Reaktionen laufen nur ab, wenn die Teilchen mehr Energie als die Aktivierungsenergie aufweisen.

UNSICHTBARE BARRIERE

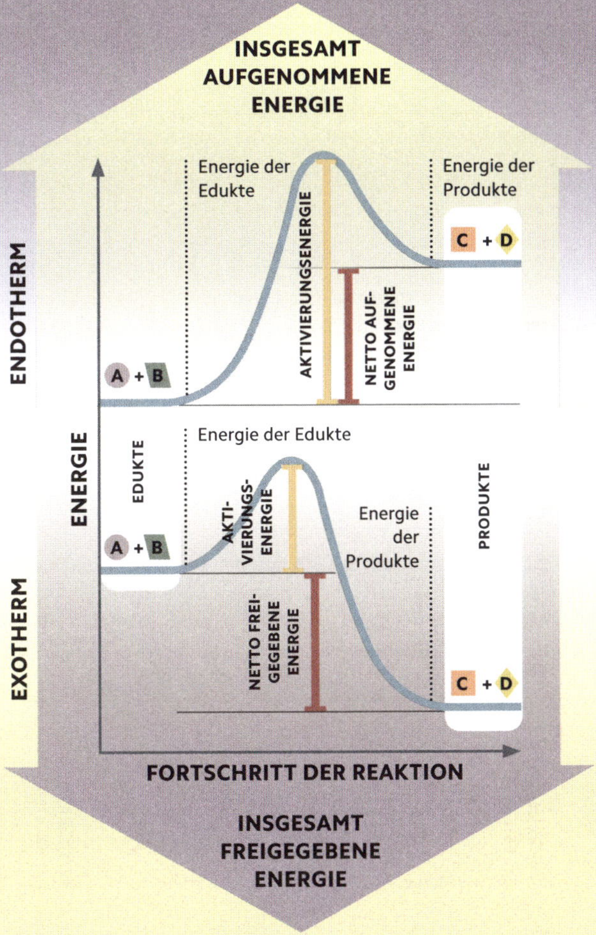

Aktivierungsenergie
Um eine Reaktion zu starten, muss eine Initialenergie zur Verfügung stehen. Diese »Energiebarriere« wird als Aktivierungsenergie bezeichnet. Bei manchen Reaktionen ist sie klein. Bei sehr hoher Energiebarriere startet eine Reaktion vielleicht nie.

Geringe Wahrscheinlichkeit
Bei kleinerer Oberfläche, niedrigerer Temperatur und Konzentration oder niedrigerem Druck sinkt die Wahrscheinlichkeit, dass Teilchen zusammenstoßen.

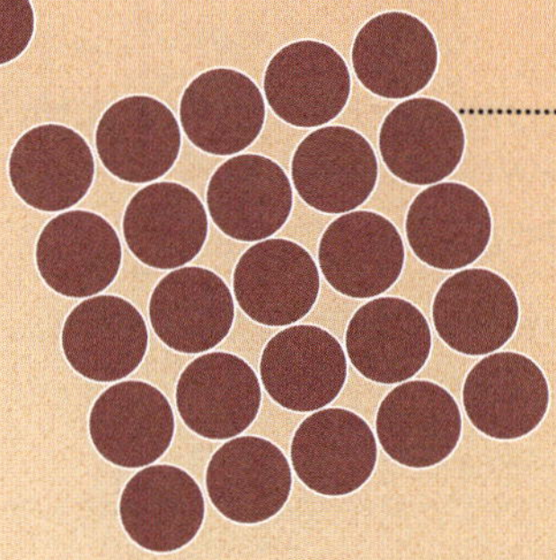

KLEINE OBERFLÄCHE
Feststoffe haben eine kleinere Oberfläche und reagieren mit einer geringeren Wahrscheinlichkeit.

NIEDRIGER DRUCK UND NIEDRIGE KONZENTRATION
Bei niedrigem Druck und niedriger Konzentration sinkt die Reaktionsgeschwindigkeit, weil es weniger Zusammenstöße gibt.

ZUSAMMENSTÖSSE MIT GERINGER ENERGIE
Bei niedrigeren Temperaturen ist die Wahrscheinlichkeit kleiner, dass die Energie des Zusammenstoßes für eine Reaktion ausreicht.

FALSCHER WINKEL
Zur Reaktion kommt es nur dann, wenn die Teilchen mit dem richtigen Winkel und mit der richtigen Seite aufeinandertreffen. Ansonsten prallen sie voneinander ab.

ANGESTOSSEN

Damit Teilchen miteinander reagieren können, müssen sie zusammenstoßen. Das allein reicht aber für eine Reaktion nicht aus: Sie benötigen genügend Energie für den Stoß und müssen die richtige Orientierung zueinander haben, damit sich bestehende Bindungen lösen und neue bilden können. Höhere Temperaturen, höhere Konzentrationen oder eine größere Oberfläche beschleunigen Reaktionen. Auch Katalysatoren (siehe S. 70) und Enzyme (siehe S. 105) machen Reaktionen schneller.

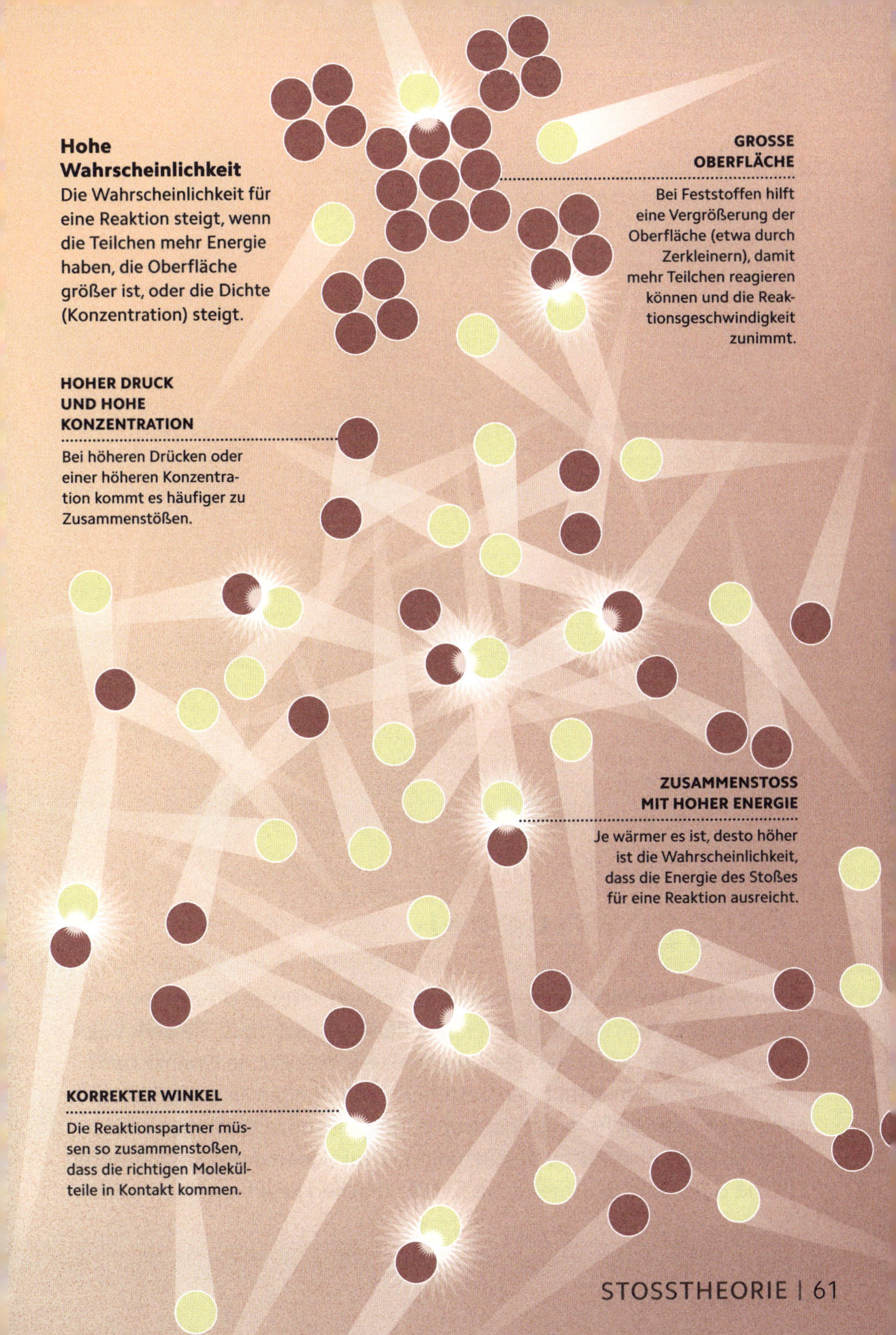

Hohe Wahrscheinlichkeit
Die Wahrscheinlichkeit für eine Reaktion steigt, wenn die Teilchen mehr Energie haben, die Oberfläche größer ist, oder die Dichte (Konzentration) steigt.
GROSSE OBERFLÄCHE
Bei Feststoffen hilft eine Vergrößerung der Oberfläche (etwa durch Zerkleinern), damit mehr Teilchen reagieren können und die Reaktionsgeschwindigkeit zunimmt.
HOHER DRUCK UND HOHE KONZENTRATION
Bei höheren Drücken oder einer höheren Konzentration kommt es häufiger zu Zusammenstößen.
ZUSAMMENSTOSS MIT HOHER ENERGIE
Je wärmer es ist, desto höher ist die Wahrscheinlichkeit, dass die Energie des Stoßes für eine Reaktion ausreicht.
KORREKTER WINKEL
Die Reaktionspartner müssen so zusammenstoßen, dass die richtigen Molekülteile in Kontakt kommen.

Edukte bevorzugt
Bei Reaktionen, bei denen Wärme abgegeben wird, liegt das Gleichgewicht auf Seiten der Edukte, wenn die Temperatur steigt oder der Druck gesenkt wird.

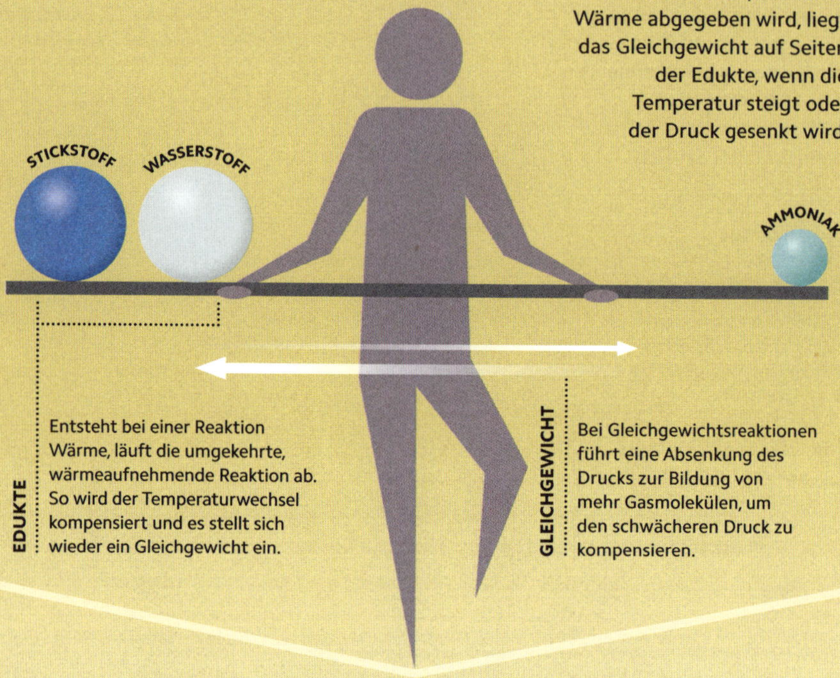

Entsteht bei einer Reaktion Wärme, läuft die umgekehrte, wärmeaufnehmende Reaktion ab. So wird der Temperaturwechsel kompensiert und es stellt sich wieder ein Gleichgewicht ein.

Bei Gleichgewichtsreaktionen führt eine Absenkung des Drucks zur Bildung von mehr Gasmolekülen, um den schwächeren Druck zu kompensieren.

BALANCE HALTEN

Reversible Reaktionen können in beide Richtungen ablaufen (siehe S. 57). Bei der Hinreaktion bilden sich aus den Edukten Produkte, bei der Rückreaktion aus den Produkten wieder die Edukte. Insgesamt befindet sich das Reaktionssystem in einem chemischen Gleichgewicht. Ändern sich die Reaktionsbedingungen (Druck, Temperatur oder Stoffmengenkonzentration), wird das Gleichgewicht gestört. Dann läuft eine Reaktion verstärkt ab, bis ein neues Gleichgewicht erreicht ist, das der Störung ausweicht. Dies wird Prinzip von Le Chatelier oder Prinzip vom kleinsten Zwang genannt.

Produkt bevorzugt
Bei niedrigerer Temperatur oder höheren Drücken wird das Produkt bevorzugt und das Gleichgewicht verschiebt sich nach rechts.

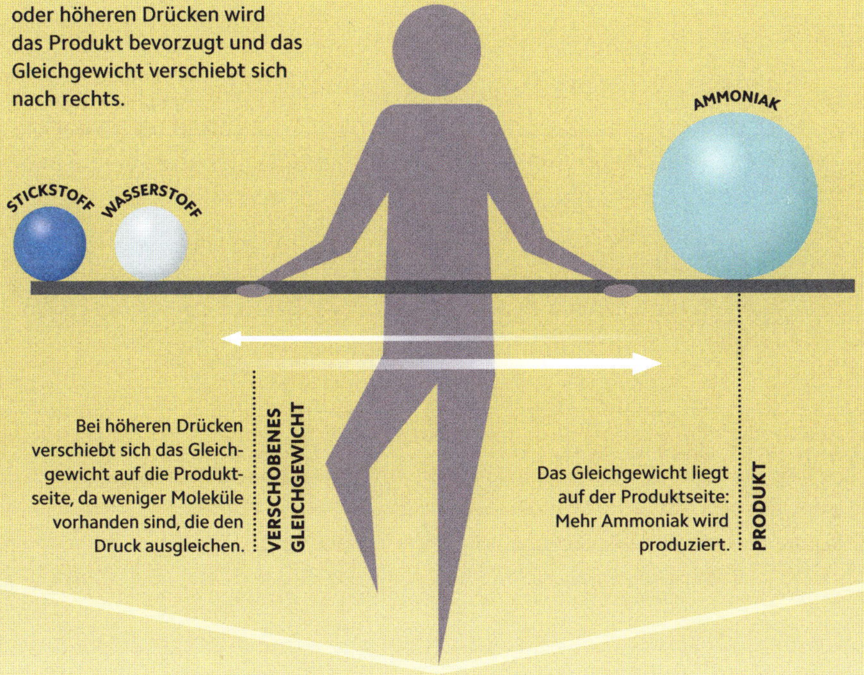

Bei höheren Drücken verschiebt sich das Gleichgewicht auf die Produktseite, da weniger Moleküle vorhanden sind, die den Druck ausgleichen.

Das Gleichgewicht liegt auf der Produktseite: Mehr Ammoniak wird produziert.

Aus vier Molekülen des Edukts werden zwei Moleküle Ammoniak.

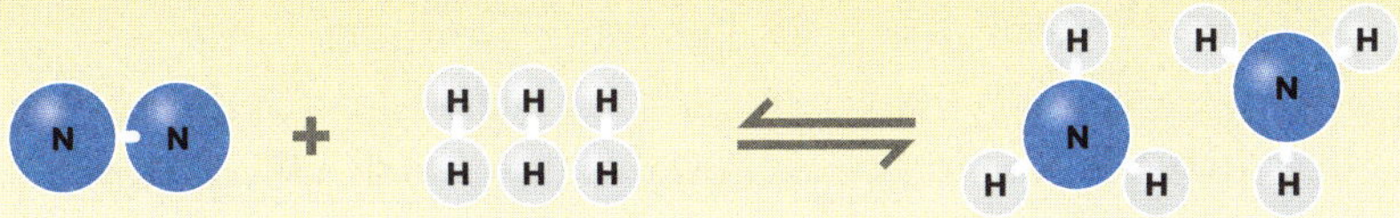

$$N_2 + 3H_2 \rightleftharpoons 2NH_3$$

STICKSTOFF — WASSERSTOFF — AMMONIAK

Der Gleichgewichtspfeil zeigt an, dass sich Edukte (links) und Produkte (rechts) im Gleichgewicht befinden.

TYPEN VON REAKTIONEN

Bei einer chemischen Reaktion werden ein oder mehrere Stoffe (Edukte) in einen oder mehrere andere Stoffe (Produkte) umgesetzt. In der organischen (Kohlenstoff-)Chemie kennen wir drei wesentliche Reaktionstypen. Bei Additionen wird ein Molekül einem anderen hinzugefügt, sodass ein größeres Molekül als einziges Produkt entsteht. Bei Eliminierungen wird ein kleineres Molekül aus einem größeren ausgeschlossen und zwei Produktmoleküle werden gebildet. Bei Substitutionen wird ein Atom oder eine Gruppe von Atomen ausgetauscht.

Addition
An diesem Reaktionstyp sind häufig Moleküle mit C=C-Bindung beteiligt. Die Doppelbindung geht auf und neue Bindungen werden geschlossen.

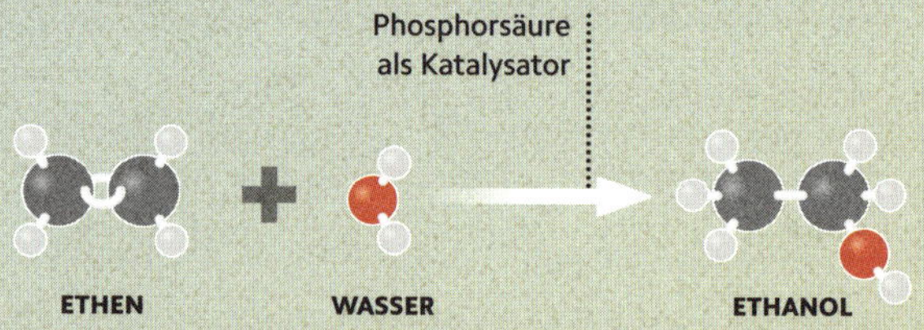

Eliminierung
Bei dieser Reaktion wird ein Molekül aus einem größeren herausgelöst, sodass zwei Produkte gebildet werden.

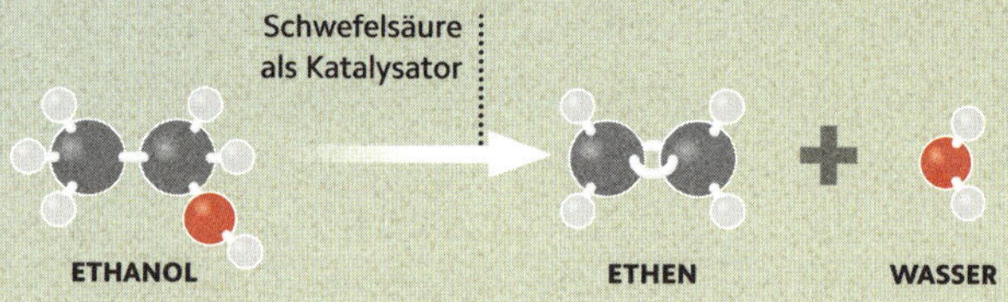

Substitution
Bei diesem Reaktionstyp wird ein Atom oder eine Gruppe von Atomen mit anderen ausgetauscht. Hier ersetzt NO_2 ein H.

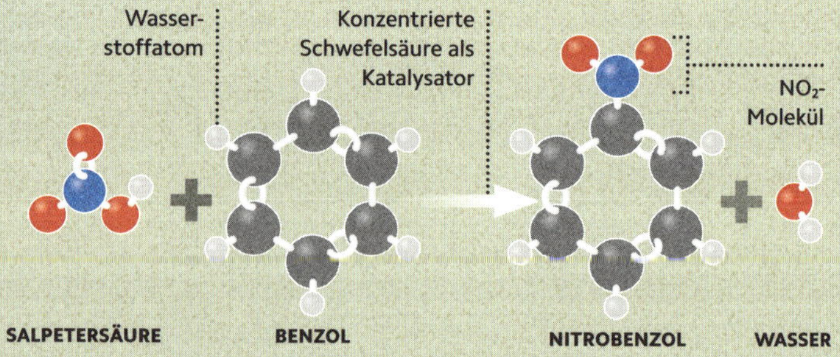

Reise nach Jerusalem

Beim Stuhlspiel »Reise nach Jerusalem« hört das Spiel auf, wenn keine Stühle mehr da sind. Ähnlich ist es mit dem limitierenden Edukt: Ist es verbraucht, hört die Reaktion auf.

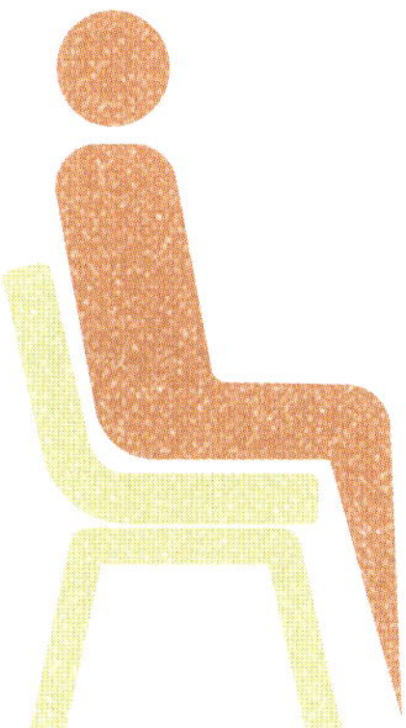

In einer chemischen Reaktion liegen die Stoffe häufig nicht in genau den Mengen vor, die für eine Reaktion ideal sind. In der Regel ist von einem Stoff mehr vorhanden als vom anderen. Er liegt im Überschuss vor. Der andere ist das limitierende Edukt: Ist es verbraucht, hält die Reaktion an, und überschüssiges Edukt bleibt übrig.

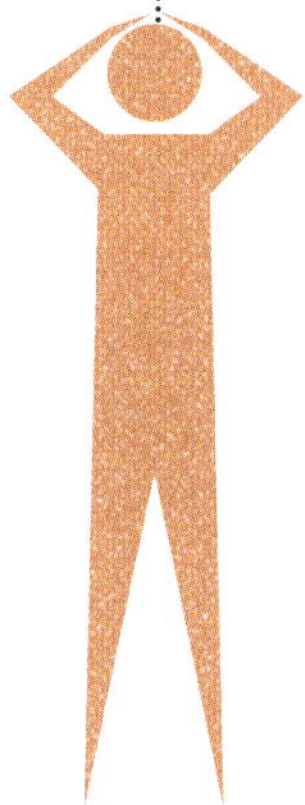

MÄCHTIGER SAUERSTOFF

Die meisten Metalle reagieren mit Sauerstoff zu Metalloxiden, die häufig stabiler sind als das Reinmetall. Bei diesem, Oxidation genannten, Prozess gehen Elektronen aus dem Metall auf den Sauerstoff über. Metalle korrodieren daher leicht an der Luft und zersetzen sich unter Reaktion mit Sauerstoff, Wasser und anderen Stoffen aus der Umgebung. Eine Form der Korrosion ist das Rosten von Eisen. Beim Rosten verliert Eisen Elektronen und bildet Fe^{+}-Ionen. Auch die blaugrüne Patina (Grünspan) auf Kupfer beruht auf Korrosion.

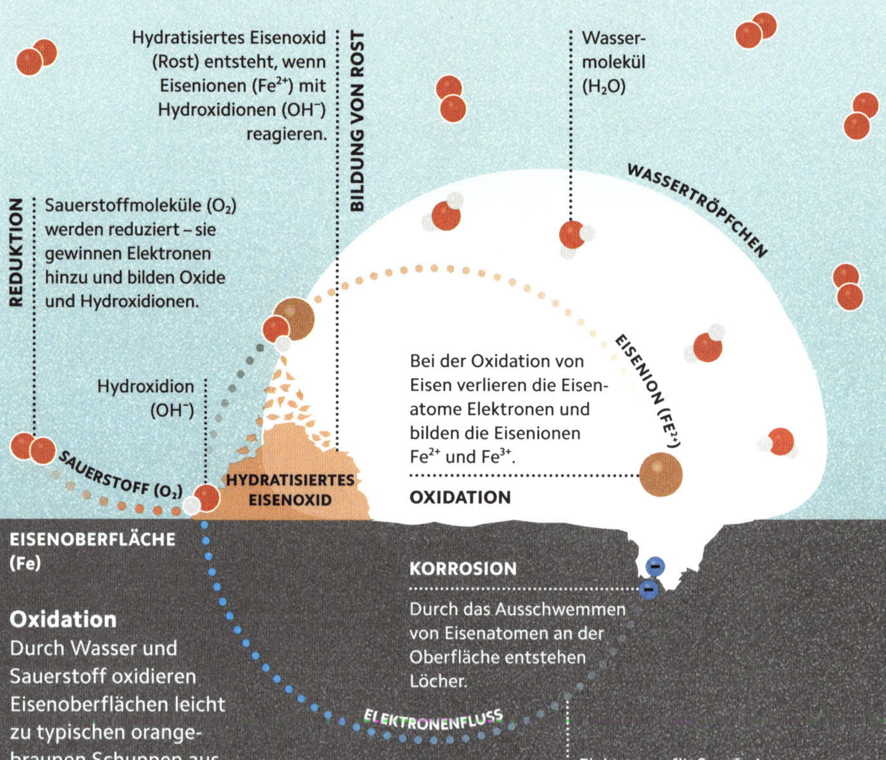

Oxidation
Durch Wasser und Sauerstoff oxidieren Eisenoberflächen leicht zu typischen orange-braunen Schuppen aus hydratisiertem Eisenoxid.

Die heißen Abgase erwärmen die unten eintretende Luft. Es wird keine Energie verschwendet.

STOFFZUFUHR

Eisenerz (eisenoxidhaltiges Gestein), Koks (Kohlenstoff) und Kalkstein werden dem Hochofen zugeführt.

ABGAS

METALL-ERZEUGUNG

HOCHOFEN

Auf der Erde kommen Metalle nur selten in Reinform vor. Viele bilden immer Verbindungen, vor allem mit Sauerstoff. So wird Eisen (Fe), wenn es nicht gerade aus Schrott verwertet wird, aus seinen Erzen, zum Beispiel Hämatit (Fe_2O_3) und Magnetit (Fe_3O_4), extrahiert. Das geschieht in Hochöfen durch Zufuhr von Kohlenstoff in Form von Koks, wobei Kohlenstoffmonoxid (CO) entsteht. Als Reduktionsmittel »entreißt« der Kohlenstoff dem Eisenoxid den Sauerstoff, übrig bleiben Roheisen (Fe) und Kohlendioxid (CO_2). Das Roheisen wird zum Beispiel zu Edelstahl weiterverarbeitet.

ZUFUHR HEISSER LUFT

Heißluftzufuhr sorgt für konstant hohe Temperaturen.

REDUKTION

Bei der Reduktion von Eisenerz gewinnen die Eisenionen Elektronen hinzu. Es entsteht metallisches Eisen.

GESCHMOLZENE SCHLACKE

GESCHMOLZENE SCHLACKE

Kalkstein reagiert mit Gesteinsverunreinigungen im Eisenerz zu Calciumsilicat (Schlacke).

EISENSCHMELZE

FEUER, SPRENGSTOFF UND EXPLOSIONEN

Explosionsreaktionen
TNT ist weniger empfindlich als andere Sprengstoffe und detoniert nur nach einer Initialzündung. Es detoniert jedoch mit erheblicher Zerstörungskraft.

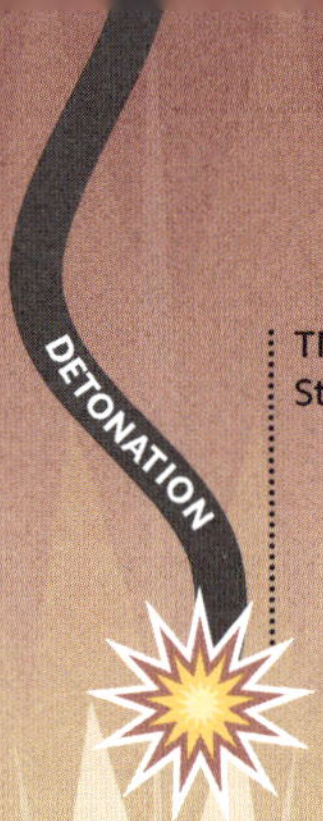

TNT wird mit einem Starter gezündet.

ZERSETZUNG
Bei einer Zersetzungsreaktion wie der Detonation von TNT zerfällt ein einziger Ausgangsstoff in ein oder mehrere Produkte.

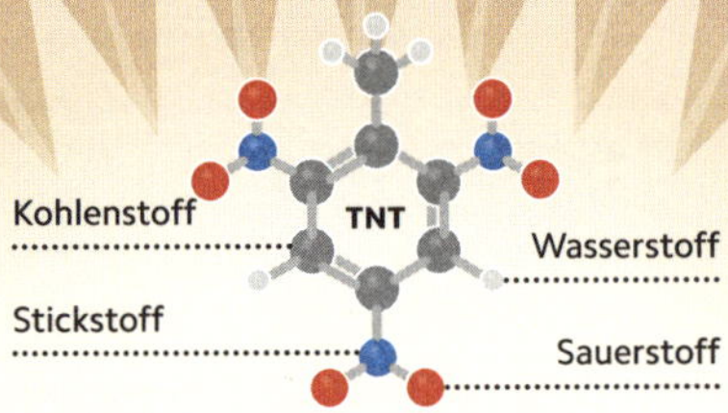

Einige chemischen Reaktionen setzen große Mengen Energie frei. Eine Verbrennung ist die stark Hitze erzeugende vollständige Reaktion eines Brennstoffs mit Sauerstoff. Für einen kontinuierlichen Abbrand müssen ständig Sauerstoff, Brennstoff und Wärme zugeführt werden. Fehlt eine Komponente, geht das Feuer aus. Eine Explosion ist eine schnelle Reaktion, bei der sehr viel Energie rasch und mit großer Zerstörungskraft frei wird. Der Sprengstoff TNT (2,4,6-Trinitrotoluol) detoniert unter Wärme- oder Stromzufuhr: Das Molekül zerlegt sich blitzartig zu Stickstoff, Wasserstoff, Kohlenmonoxid und Kohlenstoff.

$$2\,C_7H_5N_3O_6 \longrightarrow 3N_2 + 5H_2 + 12\,CO + 2\,C$$

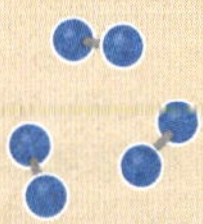

STICKSTOFF

WASSERSTOFF

Produkte
Explodierendes TNT wandelt sich in drei Gase plus Kohlenstoff um.

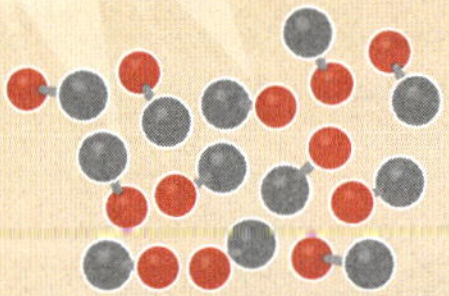

KOHLENMONOXID

KOHLENSTOFF

STROMQUELLE

REAKTION UNTER STROM

Eine Elektrolyse ist eine chemische Reaktion, die unter Stromzufuhr abläuft. Die Stoffe müssen gelöst oder geschmolzen vorliegen, um bewegliche Ionen zu erzeugen. Ein Beispiel ist die Chloralkalielektrolyse, bei der ein Stromfluss zwischen einer positiven Elektrode (Anode) und einer negativen Elektrode (Kathode), die beide in geschmolzenes Natriumchlorid (NaCl) tauchen, zur Produktion von Chlor (Cl_2) und Natrium (Na) führt. An der Kathode bildet sich das Metall, an der Anode das Nichtmetall.

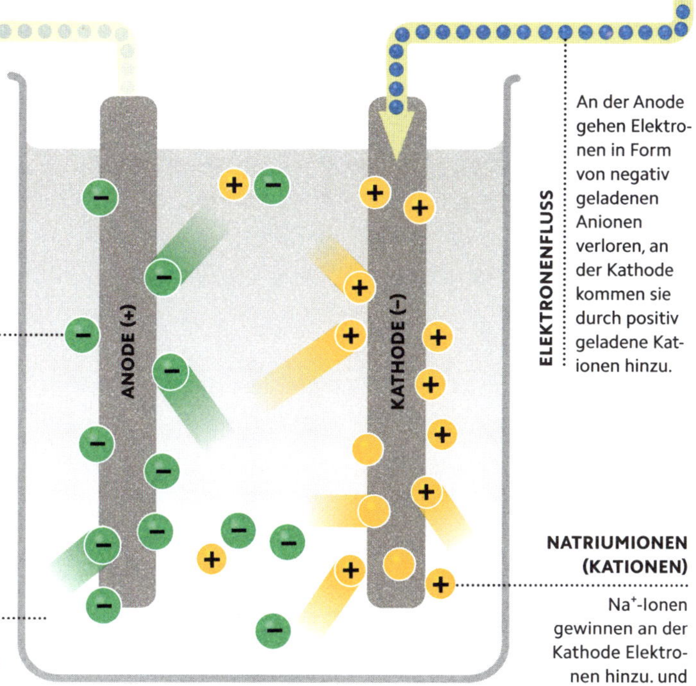

An der Anode gehen Elektronen in Form von negativ geladenen Anionen verloren, an der Kathode kommen sie durch positiv geladene Kationen hinzu.

Cl^--Ionen geben an der Anode Elektronen ab. Es bildet sich Chlorgas.

CHLORIDIONEN (ANIONEN)

Im geschmolzenen NaCl sind Na^+- und Cl^--Ionen frei beweglich.

GESCHMOLZENES NATRIUMCHLORID

NATRIUMIONEN (KATIONEN)

Na^+-Ionen gewinnen an der Kathode Elektronen hinzu. und bilden metallisches Natrium.

ELEKTROLYSE

STILLE BESCHLEUNIGER

Katalysatoren sind Stoffe, die chemische Reaktionen beschleunigen, ohne selbst verbraucht zu werden. Hierfür werden zum Beispiel Ausgangsstoffe an eine Oberfläche fixiert, damit sie besser reagieren können. Enzyme (siehe S. 105) sind biologische Katalysatoren. Sie katalysieren fast alle Reaktionen in den Zellen von Lebewesen. Fahrzeugkatalysatoren unterstützen die Umsetzung von giftigen Stoffen wie Kohlenmonoxid aus dem Motor zu weniger gefährlichen Stoffen.

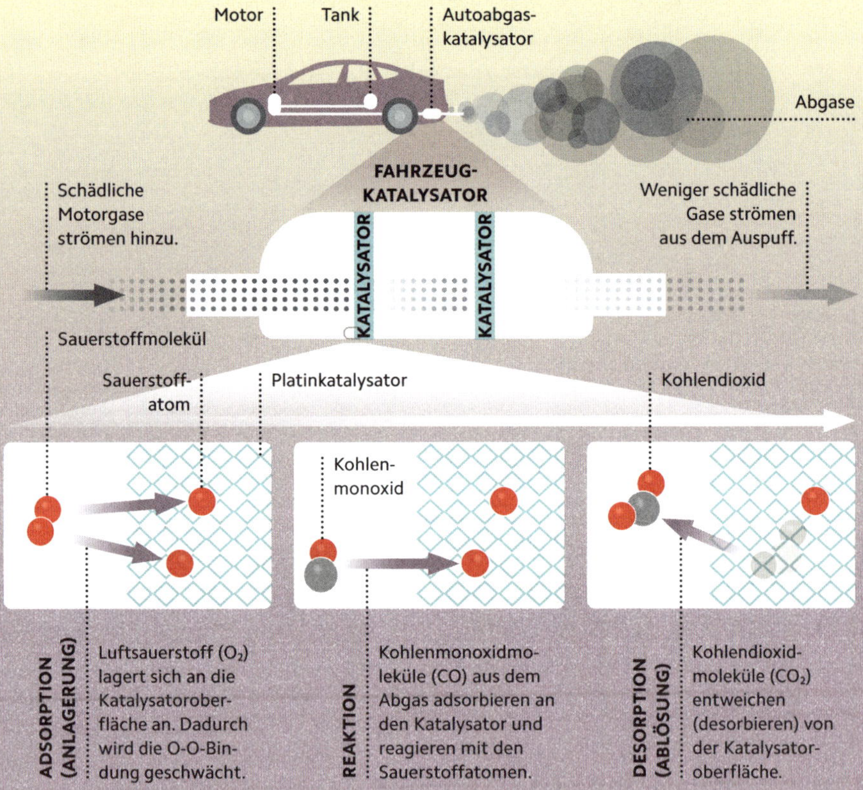

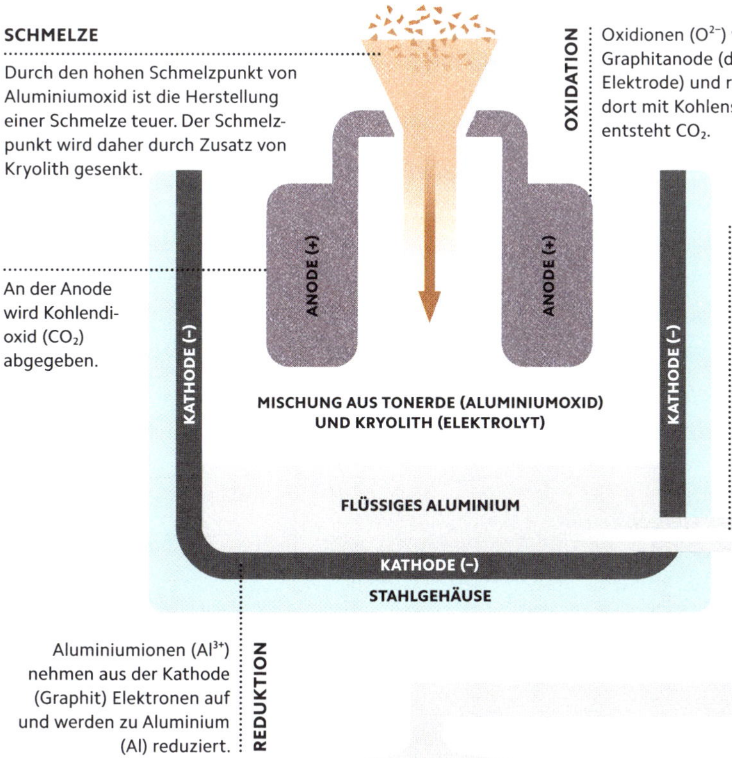

ERD-RAFFINERIE

Eisen wird durch chemische Reduktion (siehe S. 67) aus seinem Erz gelöst. Bei reaktionsfreudigeren Metallen funktioniert die Gewinnung von Reinmetall nur durch eine Elektrolyse (siehe S. 69). Um Aluminium durch Schmelzflusselektrolyse zu gewinnen, wird Tonerde in geschmolzenem Kryolith gelöst, um den Schmelzpunkt zu senken. Bei dem energieintensiven Prozess entweichen Treibhausgase wie Kohlendioxid (CO_2) und andere klima- und umweltschädliche Gase.

Ethylenmonomere enthalten eine Kohlenstoff-Kohlenstoff-Doppelbindung.

Ein Katalysator kann die Temperatur und den Druck bei der Polymerisation reduzieren.

SUPERMOLEKÜLE

Polymere sind kettenförmige Riesenmoleküle, die aus kleineren Molekülen (Monomeren) hergestellt werden. Bei der Kettenpolymerisation öffnet sich zuerst eine Doppelbindung durch Wärme, woraufhin sich nacheinander weitere Monomere anlagern. Katalysatoren beschleunigen die Reaktion und erhöhen die Qualität des Polymers. Das bekannteste Polymer ist Polyethylen (auch Polyethen genannt), aus dem viele Alltagsgegenstände wie Plastikflaschen und -tüten gemacht sind.

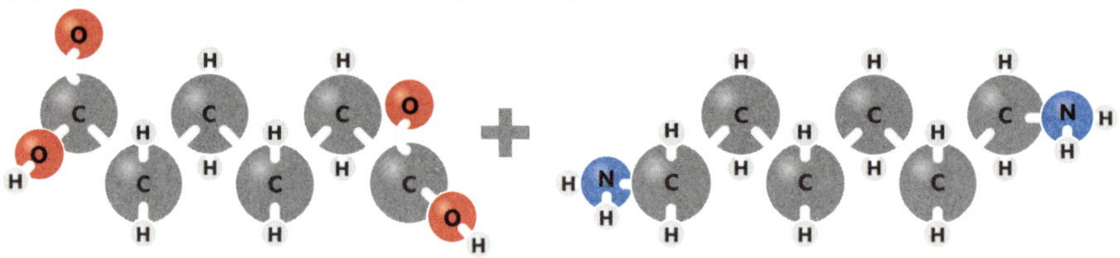

MONOMER 1

An beiden Enden der Adipinsäure befindet sich eine Carbonsäuregruppe (COOH). Beide reagieren mit Aminen.

MONOMER 2

An beiden Enden von Hexamethylendiamin (HMDA) befindet sich eine Aminfunktion. Amine reagieren mit Carbonsäuren zu Amiden.

Nebenprodukt

Mit jeder Verknüpfung von zwei Monomeren wird bei der Herstellung von Nylon ein Wassermolekül (H_2O) frei.

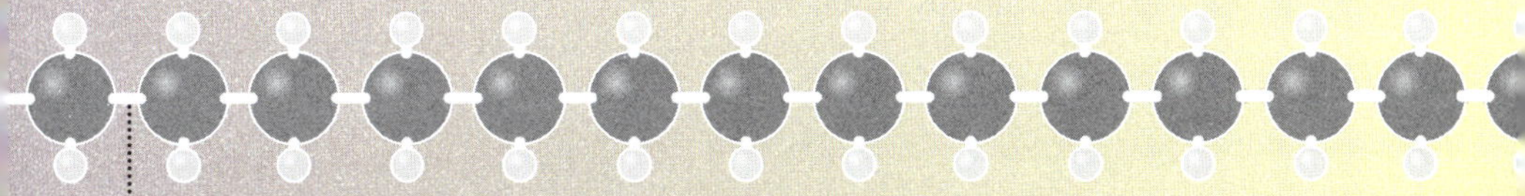

Das Polymer Polyethylen enthält nur eine Kette von Kohlenstoff-Kohlenstoff-Einfachbindungen.

Jedes Molekül zählt
Viele kleine Moleküle (Monomere) verknüpfen sich zu einem langen Polymermolekül. Das Polymer ist das einzige Produkt.

> »Meiner Ansicht nach ist die Entwicklung der Polymerisation vielleicht das Größte, was die Chemie je erreicht hat.«
> Alexander Todd

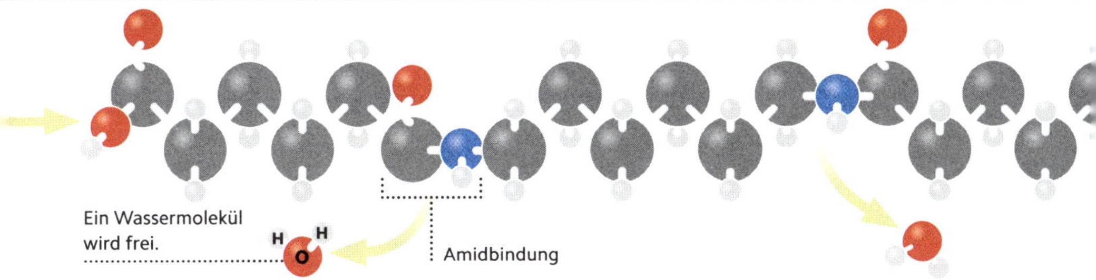

BAU VON RIESENMOLEKÜLEN

Anders als bei der Kettenpolymerisation entstehen bei der Polykondensation zwei Produkte. Es reagieren zwei unterschiedliche Monomertypen mit bestimmten funktionellen Gruppen an den Molekülenden. So reagiert zum Beispiel ein Monomer mit zwei Carbonsäuregruppen mit einem anderen Monomer mit zwei Amingruppen. Dabei entsteht als neuer Bindungstyp eine Amidverknüpfung.

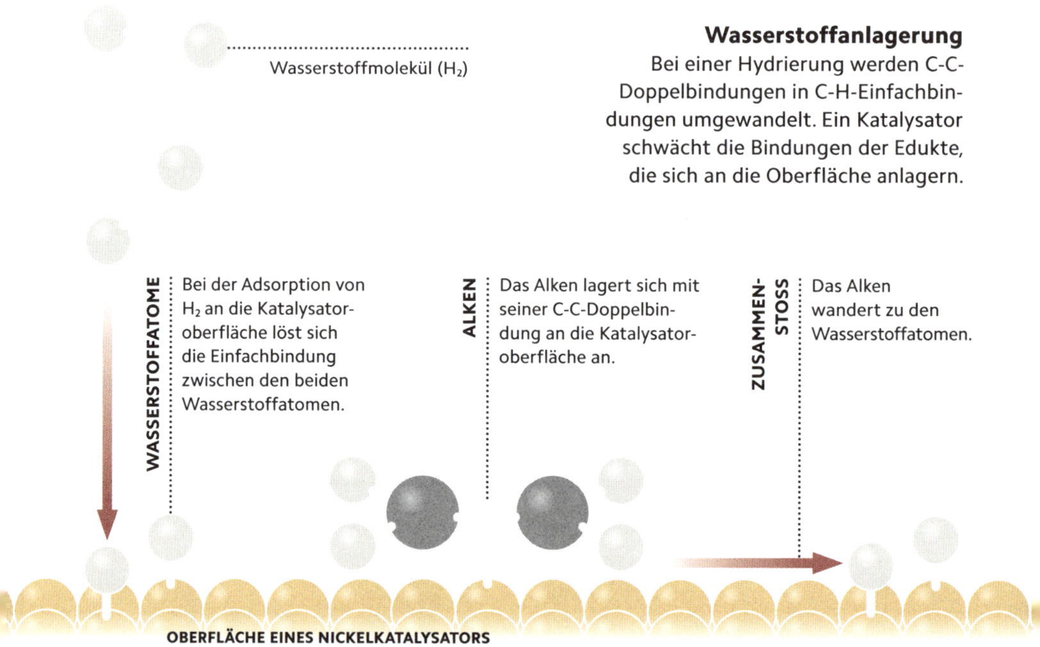

Wasserstoffanlagerung
Bei einer Hydrierung werden C-C-Doppelbindungen in C-H-Einfachbindungen umgewandelt. Ein Katalysator schwächt die Bindungen der Edukte, die sich an die Oberfläche anlagern.

IM DURCHFLUSS

REAKTION

Reaktionen können so geführt werden, dass die Edukte auf einmal in einen Reaktor gegeben werden und nach der Reaktion das Produkt entnommen wird. Solche diskontinuierlichen Batch-Prozesse müssen immer neu gestartet werden. Im industriellen Maßstab haben sich Flow-Prozesse etabliert, bei denen Edukte und Produkte kontinuierlich in den Reaktor hinein- bzw. aus ihm herausströmen. Wegen des kleineren Reaktionsvolumens und der besseren Kontrolle über die Bedingungen sind Flow-Prozesse sicherer. Das Haber-Bosch-Verfahren (siehe S. 126) läuft auf diese Art ab.

WASSERSTOFF SATT

Eine Hydrierung ist die Reaktion von Wasserstoff (H_2) mit anderen Stoffen, zum Beispiel Alkenen (siehe S. 98). Aus einer Doppelbindung entstehen zwei neue Einfachbindungen zwischen Kohlenstoff und Wasserstoff. Da der Stoff dann seine maximale Anzahl Wasserstoffatome erreicht, bezeichnet man ihn als gesättigt. Für die Margarineherstellung wurden früher pflanzliche Öle durch Hydrierung gehärtet.

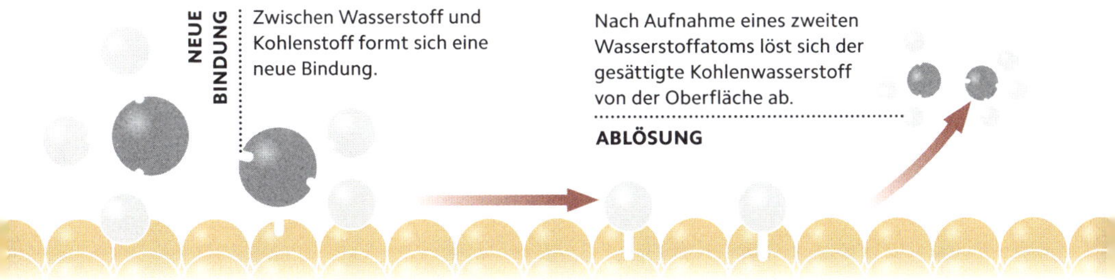

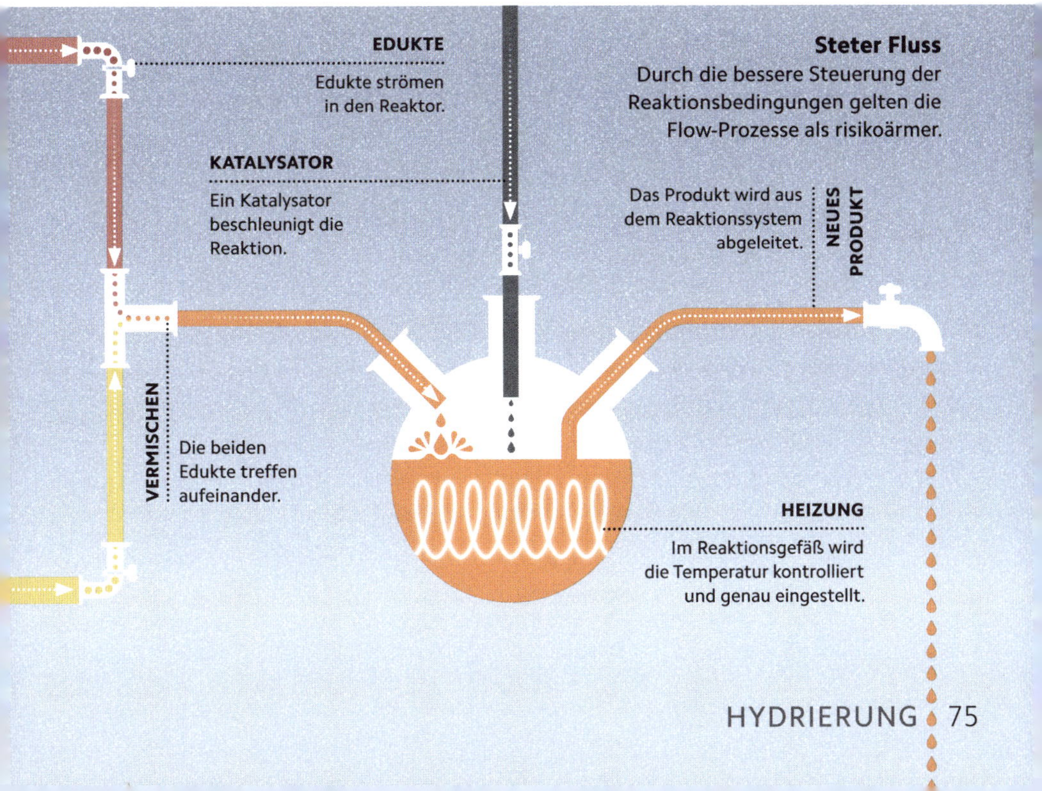

THERMISCHE TRENNVERFAHREN

Die Tatsache, dass Stoffe unterschiedliche Siedepunkte haben, wird für die Auftrennung von Stoffgemischen ausgenutzt. Erdöl (Rohöl) ist ein Gemisch aus Kohlenwasserstoffen mit variabler Kettenlänge. Je kürzer die Kohlenstoffkette der Moleküle, desto niedriger ist ihr Siedepunkt. Bei der fraktionierten Destillation wird das Rohöl in einer Säule (Kolonne) erhitzt. Kurzkettige Stoffe wie Benzin steigen bis zur Spitze auf und kondensieren dort. Längerkettige Stoffe kondensieren auf tieferen Böden.

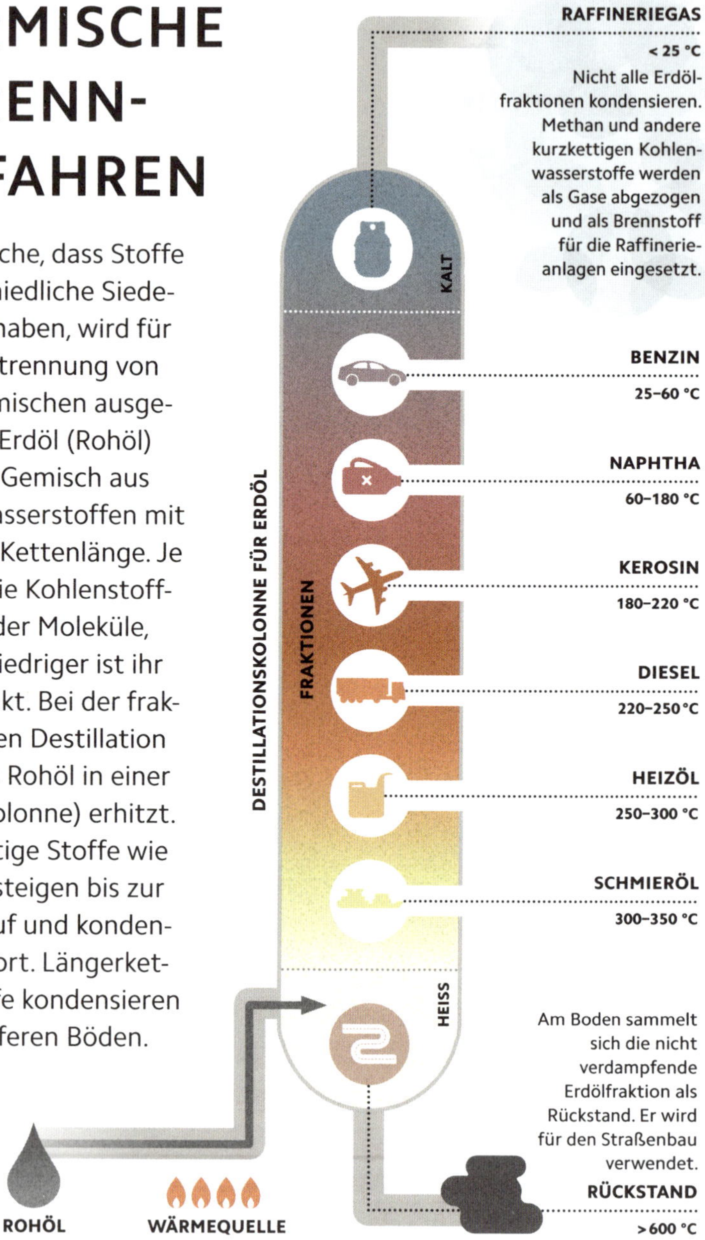

OSZILLATOREN

In der Regel beginnen Reaktionen und enden nach einiger Zeit wieder. Es gibt jedoch auch Reaktionen, bei denen die Produkte in einem steten Kreislauf auf- und abgebaut werden. Manche oszillierenden Reaktionen wie die Briggs-Rauscher-Reaktion – oder oszillierende Ioduhr – können als periodischer Farbumschlag der Lösung sichtbar gemacht werden. Chemiker und Chemikerinnen untersuchen mit solchen Oszillatoren Reaktionsgeschwindigkeiten und charakteristische Musterbildungen, die als »chemischer Fingerabdruck« dienen können.

Mehfacher Zyklus

Die Briggs-Rauscher-Reaktion ist ein Farboszillator, der von farblos nach bernsteinfarben bis dunkelblau umschlägt. Der Kreislauf wiederholt sich bis zu zehnmal.

FARBLOSER START

Wasserstoffperoxid, Kaliumiodat, Stärke, Malonsäure und Mangansulfat werden vermischt.

ERSTER FARBUMSCHLAG

Bei der Reaktion von Iodat und Wasserstoffperoxid bildet sich bernsteinfarbenes freies Iod (I_2).

ZWEITER UMSCHLAG

Sobald genügend freies Iod vorhanden ist, bildet sich ein dunkelblauer Iod-Stärke-Komplex.

WIEDERHOLUNG

Das freie Iod reagiert mit der Malonsäure, bis alles Iod für den Iod-Stärke-Komplex aufgebraucht ist und die Lösung erneut farblos wird.

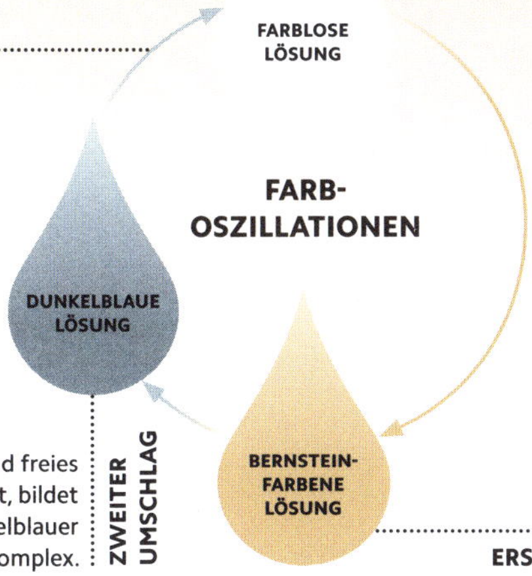

ANALY
CHEMI

ISCHE

Um einen Stoff zu bestimmen und die jeweiligen Mengen in einem Gemisch zu identifizieren, sind analytischer Scharfsinn, Erfindungsreichtum und Gespür gefragt. Über Jahrhunderte entwickelten Chemikerinnen und Chemiker Methoden, um anhand von Farbe, Mustern und anderen wahrnehmbaren Eigenschaften wie Geruch oder sogar Geschmack Substanzen zu analysieren. Neben der geschulten Beobachtung und Experimentierkunst bedient sich die heutige moderne Analytik eines komplexen Instrumentariums aus Spektroskopie, Mikroskopie und Massenspektrometrie, um die Umwelt und die Produktion zu überwachen, Forensik zu betreiben und die Qualität von Lebensmitteln und Arzneistoffen zu sichern.

STOFF-TRENNUNG

Lösliche Stoffe lassen sich durch chromatografische Verfahren voneinander trennen. Ein einfaches Beispiel ist die Papierchromatografie, bei der ein Stoffgemisch (etwa Tinte) auf einen Papierfilter aufgetragen wird und das Papier unterhalb der Startlinie in ein Lösungsmittel (etwa Wasser) gestellt wird. Während das Wasser das Papier hinaufwandert, nimmt es die Farbteilchen mit, die je nach ihrer Haftung an das Papier verschieden schnell mitlaufen. Das resultierende Streifenmuster heißt Chromatogramm.

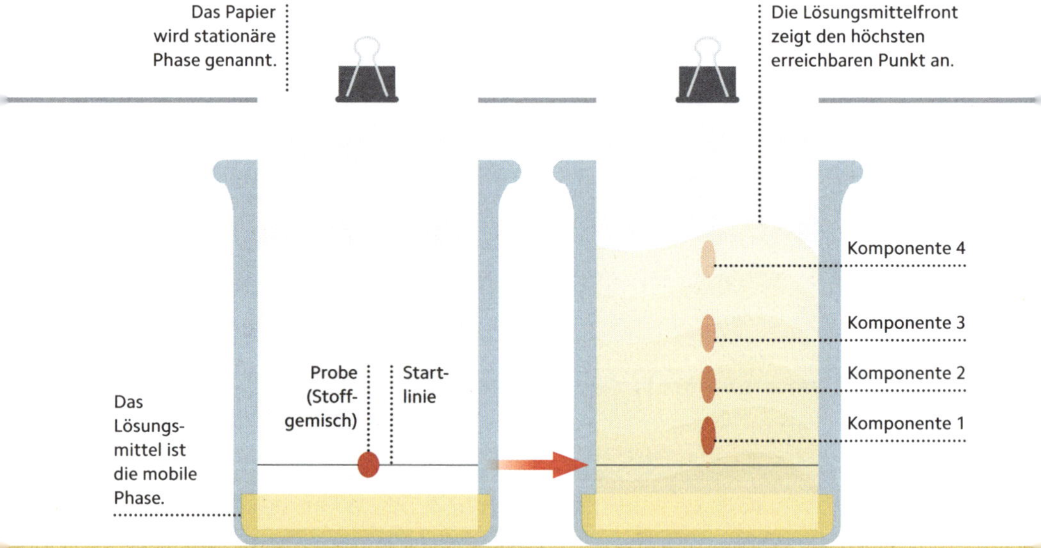

Probe
Eine Tintenprobe mit verschiedenen Farbkomponenten wird auf eine Startlinie aufgetragen. Das Papier wird in ein Wasserbad gestellt.

Auftrennung
Während das Lösungsmittel das Papier hinaufwandert, trennen sich die Stoffe darin auf. Jede Substanz haftet unterschiedlich stark am Papier.

HELL LEUCHTEND

Hüpfende Elektronen
Jedes Metall hat charakteristische Elektronenübergänge, die sich als leuchtende Farben in einer Flammenprobe sichtbar machen.

BARIUMIONEN
Angeregte Bariumionen (Ba^{2+}) senden Licht mit der Wellenlänge von 554 Nanometern (nm) aus: ein helles Apfelgrün.

Manche Stoffe färben Flammen bunt. Der Grund sind Metallionen, deren Elektronen durch die Hitze auf höhere Energieniveaus springen. Beim Zurückfallen senden sie Lichtenergie mit charakteristischen Wellenlängen – also Farben – aus. Da diese Farben für jedes Metall einzigartig sind, kann man die Flammenprobe zur Bestimmung von Metallen verwenden. So erzeugen Kupferionen (Cu^{2+}) ein kräftiges Türkis, Kaliumionen (K^{+}) leuchten violett.

DETEKTIV-ARBEIT

Bei manchen chemischen Reaktionen zeigt ein sicht- oder hörbares Signal an, wenn ein bestimmtes Produkt entstanden ist. Diese charakteristischen Reaktionen können genutzt werden, um Stoffe zu identifizieren. Die qualitativen Tests sind keine exakten Messungen, sondern beruhen auf einfacher Wahrnehmung. Es gibt Standardproben auf Kohlendioxid, Sauerstoff oder Wasserstoff. Auch die pH-Messung mit Indikatorfarbstoffen gehört zu den analytischen Standardproben.

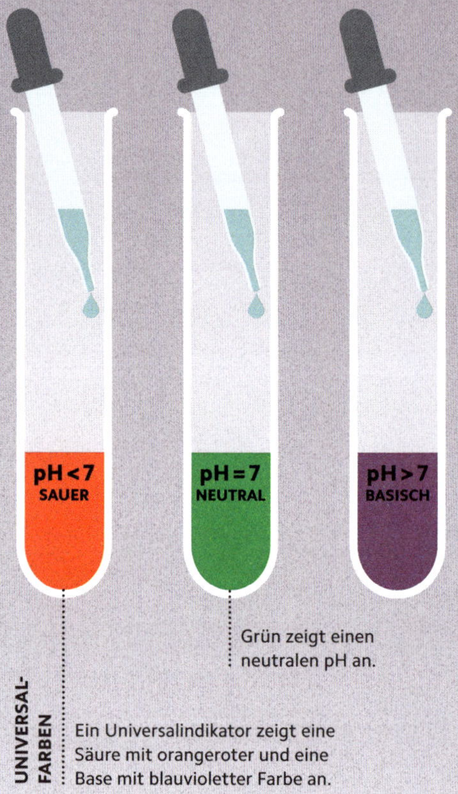

Der Lackmusindikator wird aus Flechten isoliert.

pH-Messung
Indikatoren sind Farbstoffe, die bei unterschiedlichen pH-Werten (siehe S. 47) ihre Farbe wechseln. Ein Universalindikator besteht aus mehreren Indikatorfarbstoffen und deckt die gesamte pH-Skala (siehe S. 46) von 0 bis 14 ab.

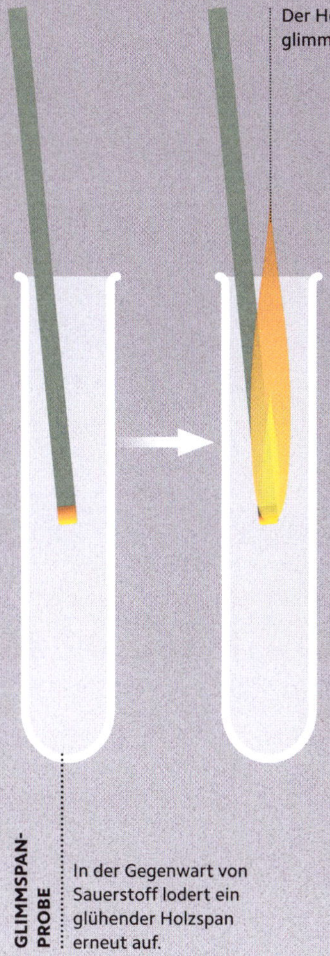

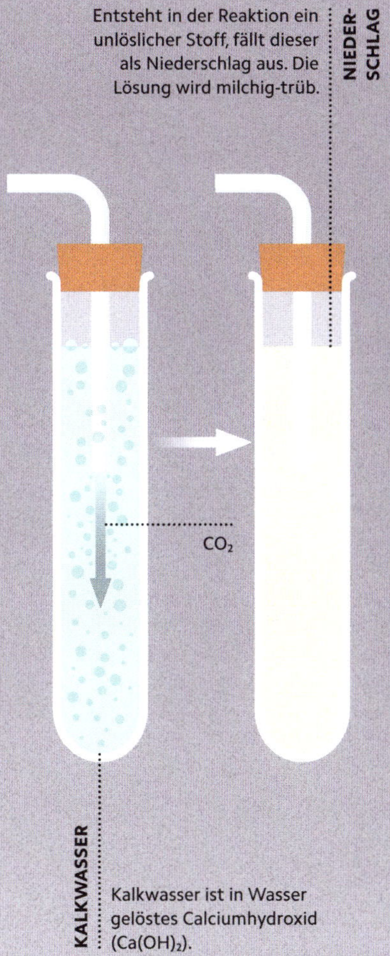

Gasanalyse

Bei manchen Reaktionen ist es wichtig, entstehende Gase zu identifizieren. So glimmt mit Sauerstoff (O_2) ein glühender Holzspan auf. Wasserstoff (H_2) ergibt ein klackendes Geräusch. Chlor (Cl_2) bleicht mattblaues Lackmuspapier aus.

Kalkwasserprobe

Wenn Kohlendioxid (CO_2) durch Kalkwasser sprudelt, bildet sich ein weißer Niederschlag aus Calciumcarbonat ($CaCO_3$). Die Lösung wird milchig-trüb.

ELEMENTARE LINIEN

Bei der Emissionsspektroskopie wird die Eigenschaft mancher Elementen ausgenutzt, im heißen Zustand Licht verschiedener Farben auszusenden (siehe S. 81). Ein Spektroskop kann die verschiedenen Wellenlängen und Intensitäten exakt messen. Ergebnis der Analyse ist ein Linienspektrum, das mit bekannten Referenzspektren verglichen wird, um ein Element zu identifizieren.

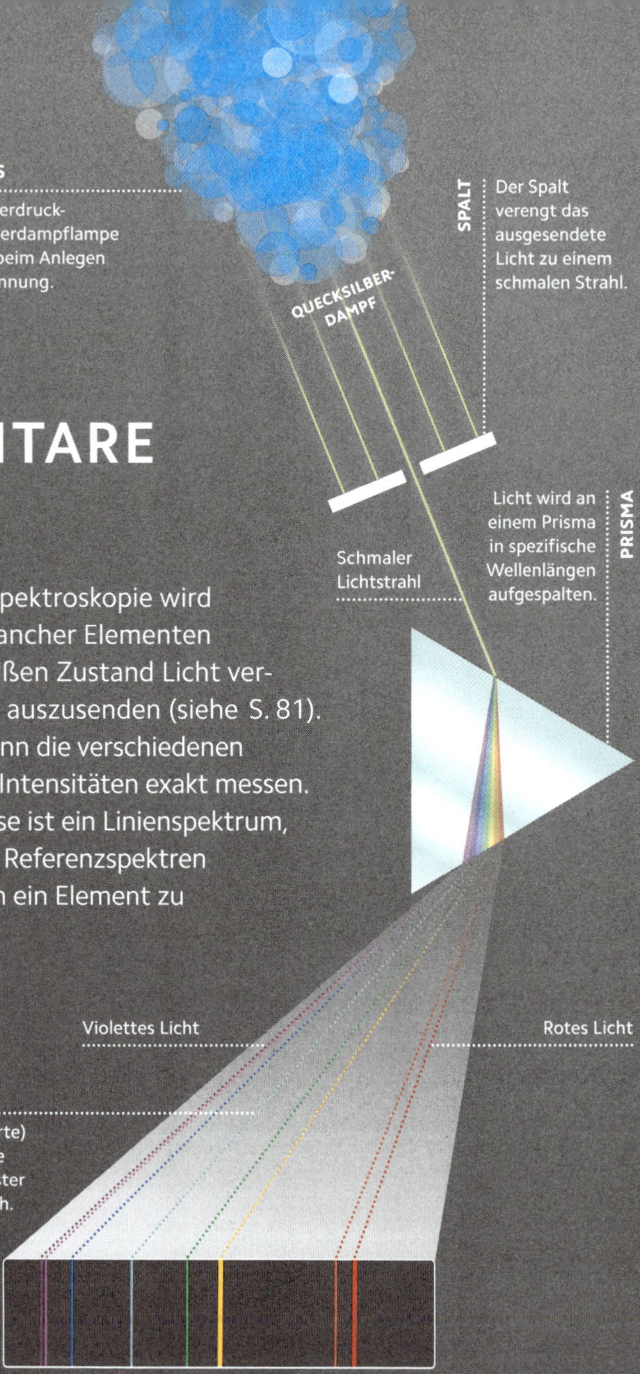

SCHWINGUNG

Moleküle mit kovalenten Bindungen absorbieren IR-Strahlung. Diese Strahlung bringt die Bindung zum Schwingen.

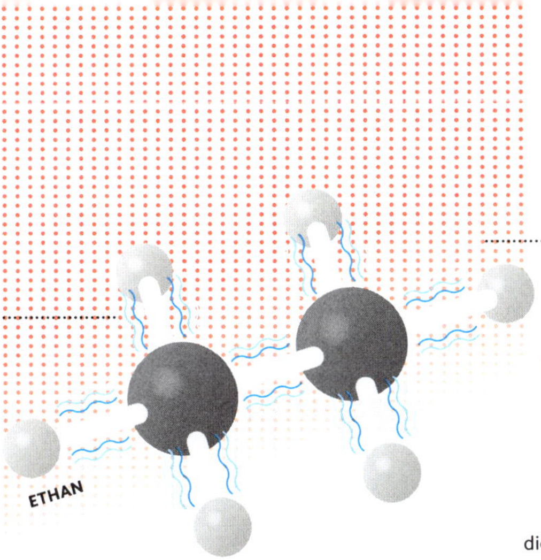

INFRAROT-STRAHLUNG

Verschiedene Bindungstypen absorbieren im IR. So absorbieren Kohlenstoff-Wasserstoff-Bindungen Wellenlängen im Bereich von 2,8 bis 3,4 Mikrometern. Gemessen wird der Wert als Wellenzahl, die zwischen 2850 und 3100 cm^{-1} liegt.

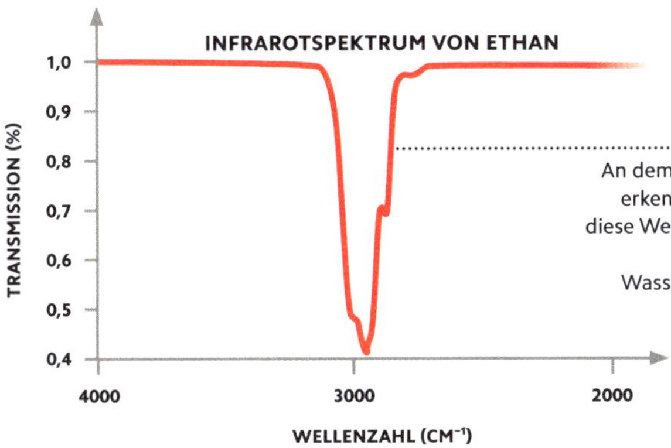

AUSLESEN DER WELLENLÄNGEN

An dem Wellentrog lässt sich erkennen, dass das Molekül diese Wellenlängen absorbiert. Er zeigt Kohlenstoff-Wasserstoff-Bindungen an.

MOLEKÜLVIBRATIONEN

Infrarot-(IR-)Strahlung umfasst den Teil des elektromagnetischen Spektrums, der zwischen dem sichtbaren roten Licht und den Mikrowellen liegt. Molekulare Bindungen in organischen Molekülen absorbieren die Strahlung (nehmen sie auf) und beginnen zu vibrieren (schwingen). Wird ein IR-Strahl durch eine solche Probe in einem IR-Spektrometer geschickt, zeigt das Spektrum die absorbierten und die durchgeleiteten Wellenlängen an. Anhand der Spektren lässt sich der Bindungstyp erkennen und die organische Verbindung identifizieren.

WAAGE FÜR UNSICHTBARES

In einem Massenspektrometer werden die Massen von Molekülen oder Atomen gemessen. Zunächst werden Moleküle oder Atome ionisiert, dann lenkt ein Magnetfeld den erzeugten Ionenstrahl ab, bis er auf einen Detektor trifft. Die Stärke der Ablenkung hängt von der Masse des Ions und der Anzahl der herausgeschlagenen Elektronen ab. Organische Moleküle brechen bei der Ionisierung in charakteristische Fragmente auf, die zur Identifizierung der Verbindung ausgewertet werden.

Massenbestimmung

In einem Massenspektrometer werden positiv geladene Ionen im Vakuum erzeugt, beschleunigt und schließlich abgelenkt. Gemessen wird die Zeit, bis die Ionen den Detektor erreichen.

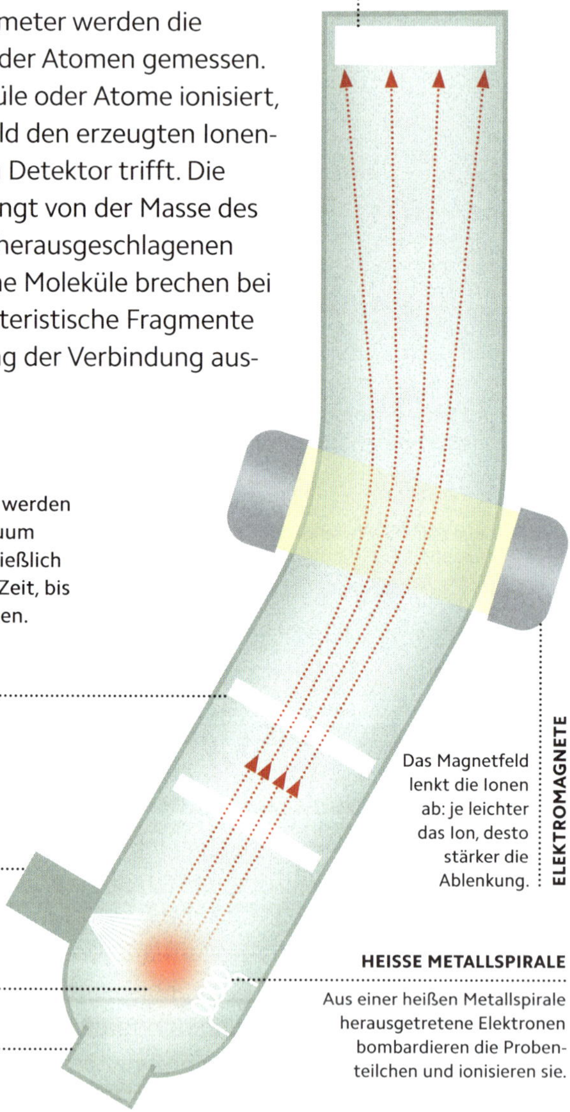

DETEKTOR
Die auf den Detektor fallenden Ionen lösen ein elektrisches Signal aus, das von einem Computer ausgelesen wird.

BESCHLEUNIGUNGSPLATTE
Positiv geladene Ionen werden von den elektrisch geladenen Platten angezogen und beschleunigt.

ELEKTROMAGNETE
Das Magnetfeld lenkt die Ionen ab: je leichter das Ion, desto stärker die Ablenkung.

ELEKTRONENFALLE
Eine positiv geladene Platte zieht Elektronen an und aus der Spirale heraus.

HEISSE METALLSPIRALE
Aus einer heißen Metallspirale herausgetretene Elektronen bombardieren die Probenteilchen und ionisieren sie.

Probe

Injektionsstelle für die Probe

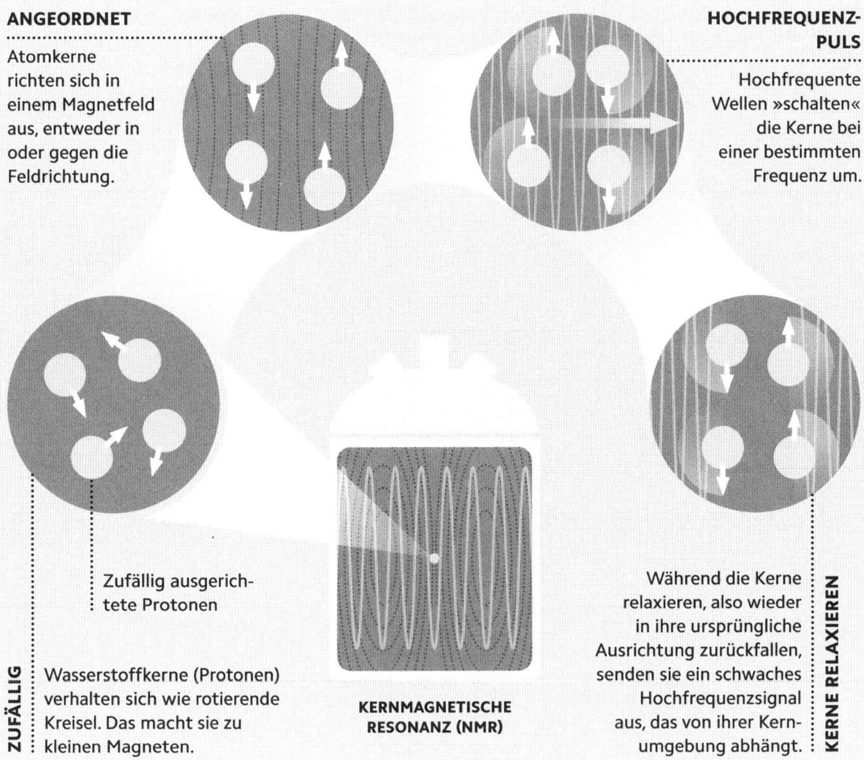

KERNE IM MAGNETFELD

Durch Kernspinresonanzspektrometrie (NMR-Spektrometrie) lassen sich besonders gut organische Kohlenwasserstoffe analysieren. Die Technik zieht aus dem Verhalten von Atomkernen – insbesondere Wasserstoff-1 – in starken Magnet- und Hochfrequenzfeldern Rückschlüsse auf den strukturellen Aufbau von unbekannten Stoffen. Mit auf NMR basierenden Magnetresonanztomografen (MRT) werden hochgenaue Bilder des Körperinneren erzeugt.

Mit AFM bewegte man einzelne Atome auf Oberflächen.

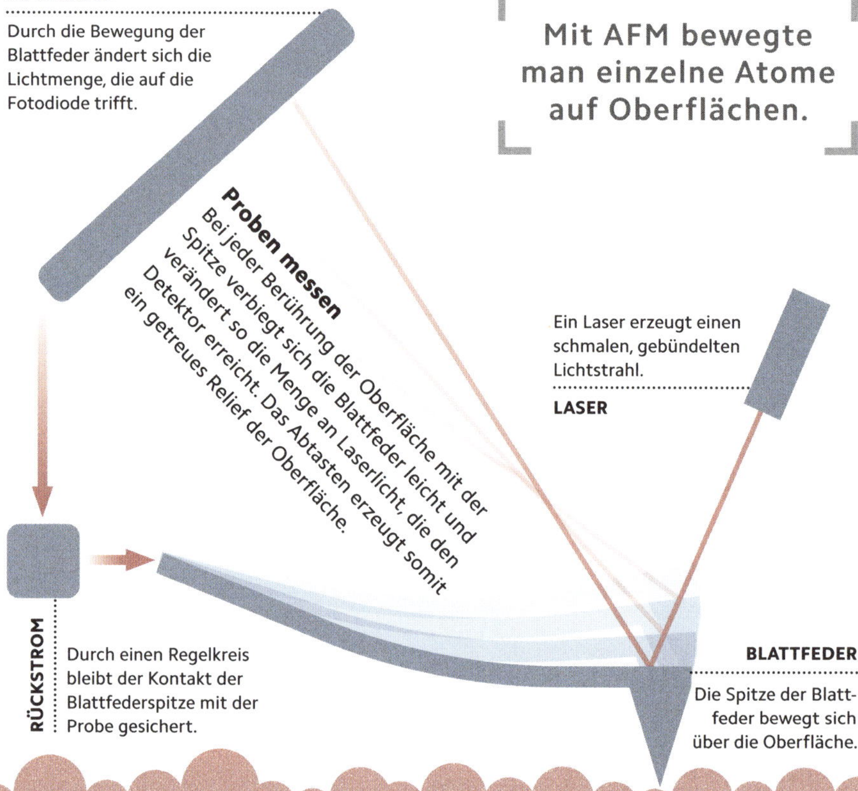

ATOMARE ABTASTUNG

Bei der Rasterkraftmikroskopie (AFM) tastet eine winzige Sonde Oberflächen in atomarer Auflösung ab. Dadurch lassen sich detaillierte Bilder von Atomen und Molekülen bis hin zu molekularen Bindungen erzeugen. Die AFM kann auch einzelne Atome identifizieren, indem sie zum Beispiel auf einer Legierungsoberfläche Unterschiede zwischen Silicium, Zinn und Blei erkennt. Nachteilig sind die extrem geringe Probengröße, die aufwendige Probenvorbereitung und die lange Dauer einer Rasterkraftaufnahme.

FROSTIGER SCHARFBLICK

Bei der Kryoelektronenmikroskopie (Kryo-EM) wird ein Elektronenstrahl durch eine ultrakalte, ultradünne Probe geschickt. Während die meisten Elektronen hindurchgehen, werden einige an den Atomen gestreut und ein Abbild der Probe wird im Detektor sichtbar. Bei den ultrakalten (kryogenen) Bedingungen von unter −150 °C bleibt der Schaden an der Probe durch das Elektronenbombardement minimal. Als wichtiger Technik in der Biochemie wurden mit der Kryo-EM die räumlichen Strukturen von komplexen biologischen Molekülen ermittelt.

Beobachtung der Moleküle
Anders als bei der Röntgenkristallografie (siehe S. 90) werden keine räumliche Kristalle benötigt. Somit bleiben auch komplizierte Biomoleküle nahe an der nativen Form.

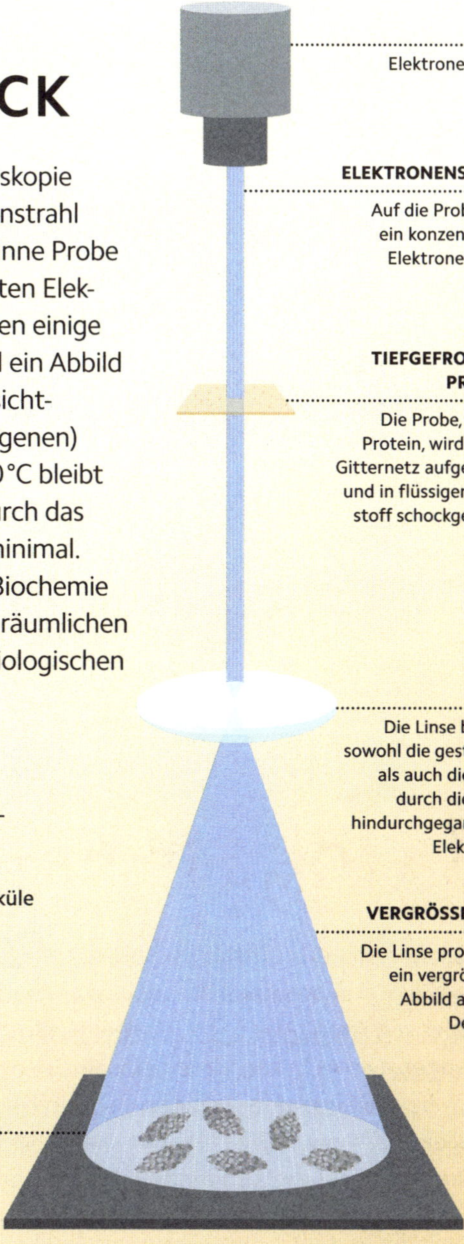

Elektronenquelle

ELEKTRONENSTRAHL
Auf die Probe trifft ein konzentrierter Elektronenstrahl.

TIEFGEFRORENES PROTEIN
Die Probe, z. B. ein Protein, wird auf ein Gitternetz aufgetragen und in flüssigem Stickstoff schockgefroren.

LINSE
Die Linse bündelt sowohl die gestreuten als auch die direkt durch die Probe hindurchgegangenen Elektronen.

VERGRÖSSERUNG
Die Linse produziert ein vergrößertes Abbild auf dem Detektor.

ELEKTRONENDETEKTOR
Ein Computer erstellt aus Hunderten von 2D-Bildern ein 3D-Modell des Moleküls.

Strukturbestimmung
Die Wellenlänge der Röntgenstrahlen ist ähnlich groß wie der Abstand zwischen Atomen. Aus dem charakteristischen Beugungsmuster von Röntgenstrahlen an Kristallen lässt sich daher der räumliche Aufbau des Kristalls erkennen.

RÖNTGENRÖHRE
In der Röntgenröhre werden monochromatische Röntgenstrahlen erzeugt, also Strahlung einer einzigen Wellenlänge.

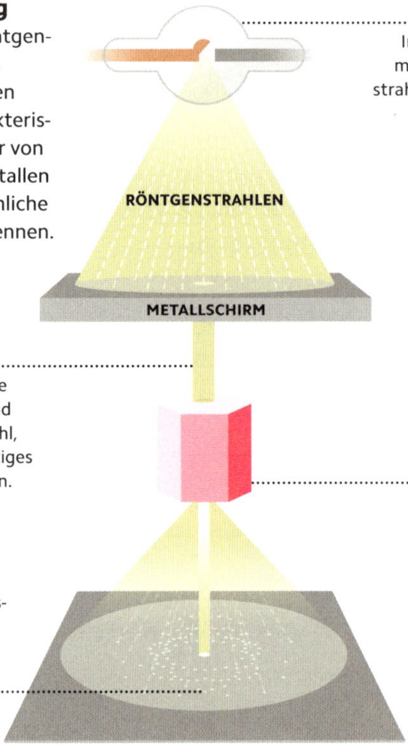

GEBÜNDELTER RÖNTGENSTRAHL
Eine metallische Lochblende (häufig aus Blei) verengt und fokussiert den Röntgenstrahl, um ein möglichst hochwertiges Beugungsmuster zu erzielen.

Der Kristall sollte makellos, ohne Sprünge und in allen Raumrichtungen größer als 0,1 mm sein.
PROBENKRISTALL

Eine Software wertet das charakteristische Beugungsmuster aus und erstellt daraus ein Raummodell des Kristalls.
BEUGUNGSMUSTER

DURCHLEUCHTETE KRISTALLE

Bei der Röntgenstrukturanalyse wird eine kristalline Probe mit Röntgenstrahlung durchleuchtet. Der Kristall streut die Strahlen und aus den Streuwinkeln und den Intensitäten kann auf die räumliche Anordnung der Atome rückgeschlossen werden. Zunächst wurden mit dieser Technologie Atomgrößen und Bindungslängen bestimmt, aber später wurden die Strukturen vieler biologischer Moleküle wie Arzneistoffe, Vitamine – und vor allem der DNA – aufgeklärt.

SPÜRNASE FÜR GASE

Durch Gaschromatografie werden flüchtige Substanzen chromatografisch (siehe S. 80) aufgetrennt. Nach dem Verdampfen wird die Probe mit einem Inertgas wie Helium als mobile Phase vermischt und in einer schmalen, langen, gewendelten Säule über eine stationäre Phase (häufig Kieselgel) geführt. Je nach ihrer Wechselwirkung mit dem Kieselgel trennen sich die Substanzen und werden am Säulenende mit einem Elektroneneinfangdetektor identifiziert. Diese Detektorart erkennt insbesondere elektronegative Gruppen wie Halogene, die häufig in Pflanzenschutzmitteln vorkommen.

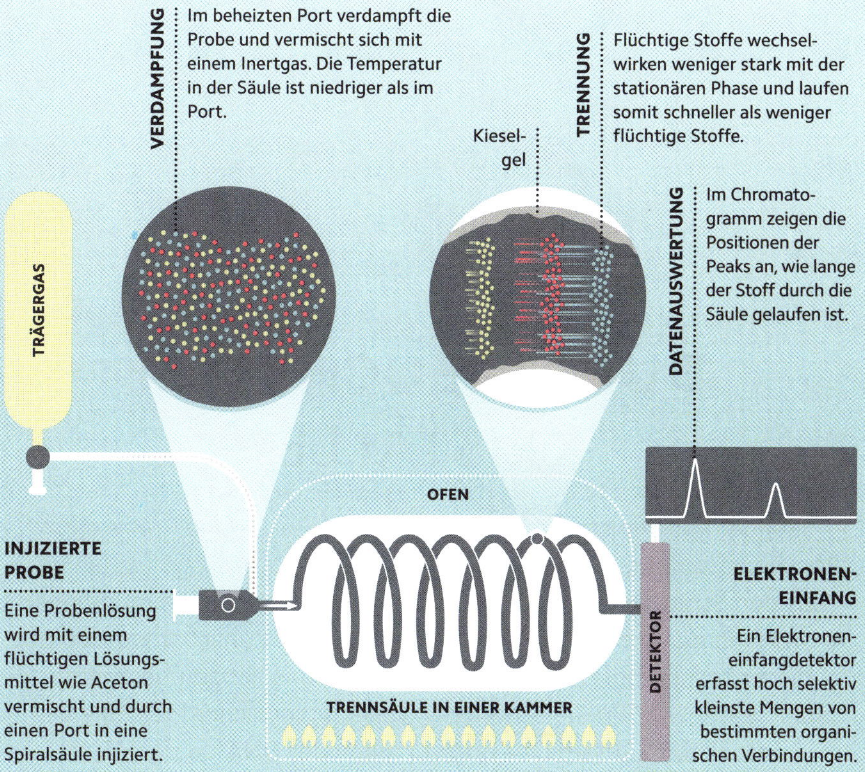

BIOORG

CHEMI

ANISCHE
E

Ohne Chemie ist ein biologisches System nicht zu verstehen. Die bioorganische Chemie untersucht biologische Prozesse mit chemischen Methoden. Durch die Verbindung aus Biologie und Chemie werden neue Wissensgebiete beleuchtet, darunter auch die Frage nach dem Leben selbst und seine Entstehung. Mit dem Fokus auf lebenden Systemen erforscht die bioorganische Chemie das Verhalten und die Wechselwirkungen von Biomolekülen wie Proteinen, Enzymen und Nukleinsäuren. Insbesondere die Medizin und die chemische Produktion schöpfen daraus Erkenntnisse, um neue Pharmazeutika und biotechnologische Anwendungen, etwa im Pflanzenschutz, zu entwickeln.

REVOLUTIONÄRE INTELLIGENZ

Mithilfe von künstlicher Intelligenz (KI) entwickeln Forschende aus allen Bereichen der Chemie Methoden, um neue Entdeckungen voranzutreiben. KI-basierte Programme vereinfachen zum Beispiel die komplizierten chemischen Berechnungen von Supercomputern. Dies senkt den Energieverbrauch und reduziert den CO_2-Fußabdruck. Mithilfe von KI konnte bereits ein Jahrzehnte altes Problem der bioorganischen Chemie gelöst werden: die Struktur eines Proteins nur anhand seiner in der DNA codierten Aminosäuresequenz korrekt vorauszusagen.

Der Nobelpreis für Chemie ging 2024 an die Entwickler der KI-Programme RoseTTAFold und AlphaFold2.

DIVERSE VERKNÜPFUNGEN

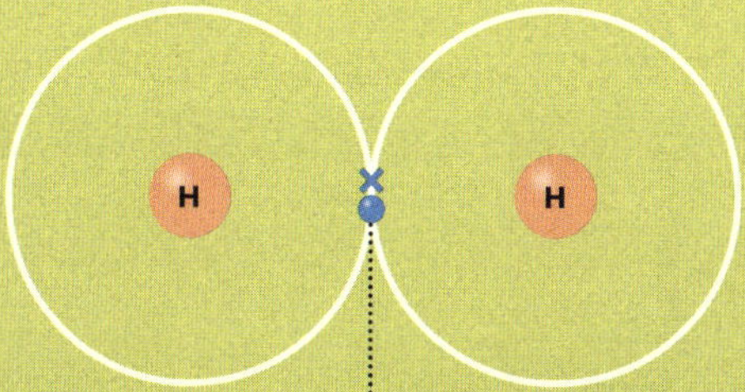

Zwei Wasserstoffatome teilen sich ein Elektronenpaar in einer kovalenten Einfachbindung.

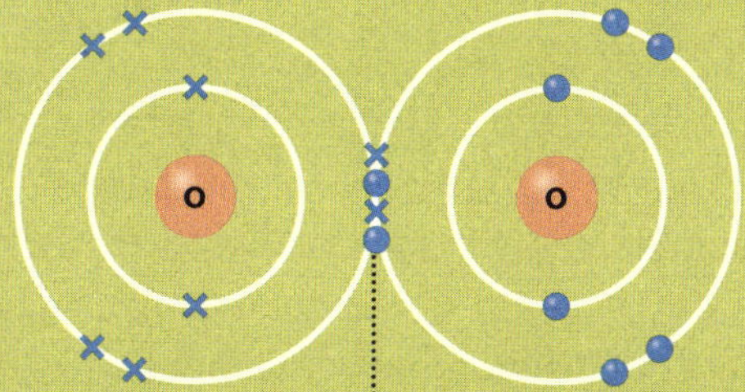

Ein Sauerstoffmolekül wird durch eine Doppelbindung zusammengehalten.

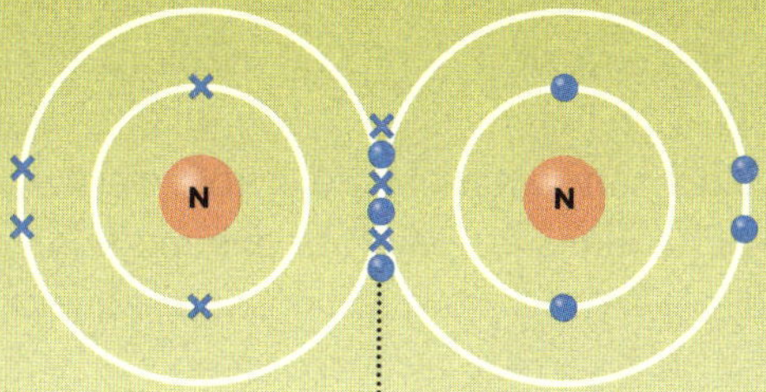

Ein Stickstoffmolekül enthält eine kovalente Dreifachbindung.

Kovalente Bindungen (siehe S. 36–37) verbinden Atome in fast allen biologischen Molekülen. Sowohl die Bindung als auch die beteiligte Atome bestimmen das chemische Verhalten eines Stoffs. Am häufigsten sind Einfachbindungen, das heißt, beide Atome steuern ein Elektron bei. Bei Doppelbindungen, die häufig zwei Kohlenstoffatome (Alken) oder ein Sauerstoff- und ein Kohlenstoffatom verbinden, teilen sich beide Atome vier Elektronen. Die festeste, aber auch seltenste Form ist die Dreifachbindung, bei der jedes Atom drei Elektronen zur Verfügung stellt.

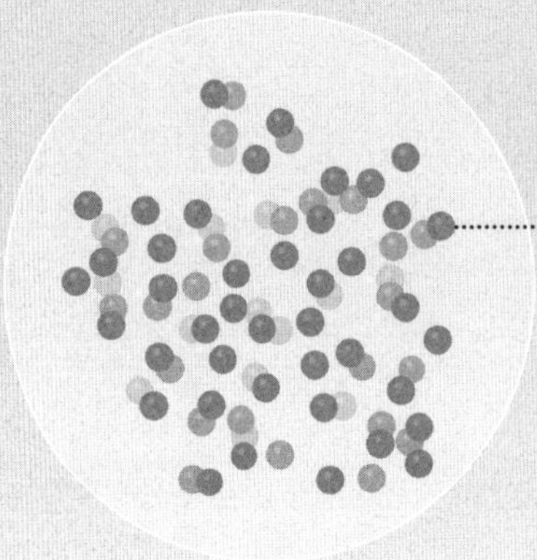

RUSS

Dieses Allotrop weist keine geordnete Struktur auf. Die Kohlenstoffatome sind zufällig angeordnet.

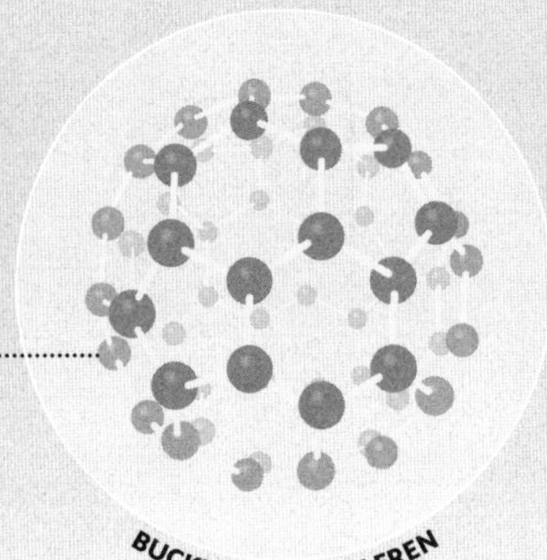

BUCKMINSTERFULLEREN

Wie bei einem Fußball bilden über die Seiten verbundene Fünf- und Sechsecke aus insgesamt 60 Kohlenstoffatomen eine Kugelstruktur.

FORMENVIELFALT

Manche Elemente kommen in unterschiedlichen physikalischen Formen vor. Diese Strukturformen unterscheiden sich durch ihren Bindungstyp und werden Allotrope genannt. Am bekanntesten sind die Kohlenstoffallotrope Diamant und Graphit, die vollkommen unterschiedliche Eigenschaften haben. Im Diamant ist jedes Atom mit vier weiteren Atomen kovalent verbunden (siehe S. 36–37). Diamant hat daher eine starre Struktur und ist außergewöhnlich hart. In Graphit ist jedes Kohlenstoffatom nur mit drei Nachbarn verbunden. Graphit hat daher eine geschichtete Bienenwabenstruktur, deren Schichten gegenseitig leicht verrutschen. Das macht Graphit weich.

KOHLENSTOFF

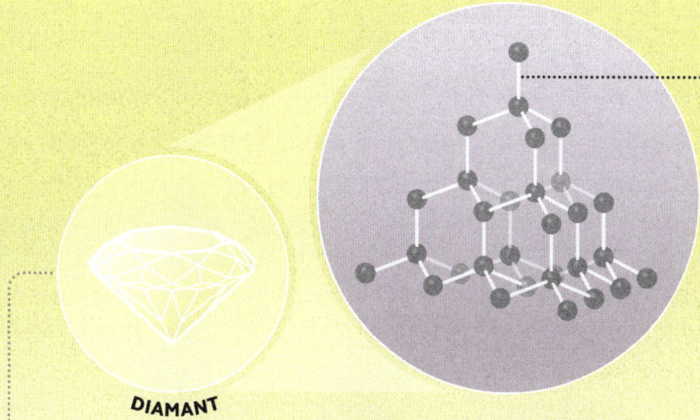

Diamant ist durch seinen festen kovalenten Bindungsaufbau einer der härtesten Stoffe der Erde. Um die Bindungen zu zerstören, muss außerordentlich viel Energie aufgebracht werden. Diamant hat daher einen sehr hohen Schmelzpunkt.

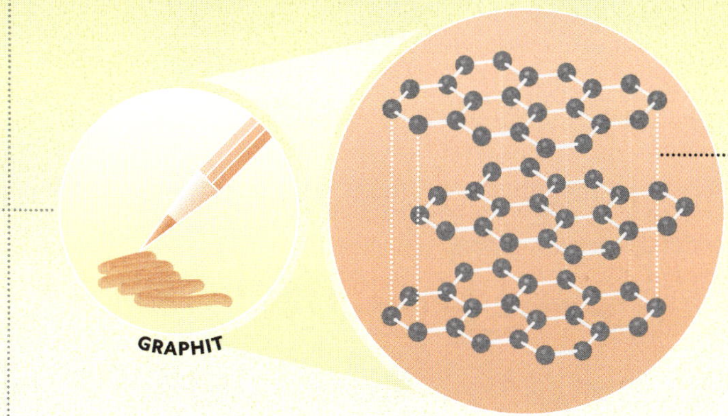

In Graphit werden die Kohlenstoffschichten durch schwächere zwischenmolekulare Kräfte zusammengehalten. Die Schichten können gegenseitig verrutschen.

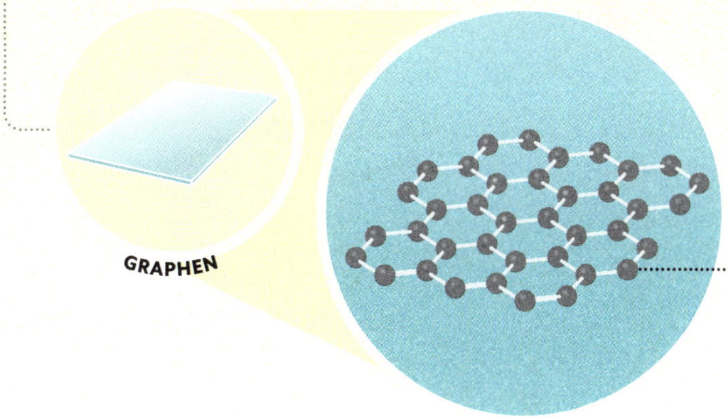

Graphen ist einlagiges Graphit. Durch seine außerordentlich dünne Struktur besitzt Graphen Quanteneigenschaften.

DER KOHLENSTOFFZOO

Kohlenwasserstoffe sind entzündliche Moleküle, die nur aus Kohlenstoff- und Wasserstoffatomen aufgebaut sind. Bei den einfachsten Vertretern, den Alkanen, sind die Kohlenstoffatome durch Einfachbindungen miteinander verknüpft. Ihre Größe reicht vom kleinen Methan (CH_4) bis zu riesigen Molekülen wie Hexacontan ($C_{60}H_{122}$). Alkene enthalten mindestens eine Doppelbindung und sind reaktionsfreudiger als die Alkane. Alkine als letzte Gruppe enthalten mindestens eine Dreifachbindung.

Werden zwei Wasserstoffatome von zwei benachbarten Kohlenstoffatomen entfernt, formt sich eine neue Kohlenstoff-Kohlenstoff-Bindung. Hier wird aus Ethan Ethen.

ENTNAHME VON WASSERSTOFFATOMEN

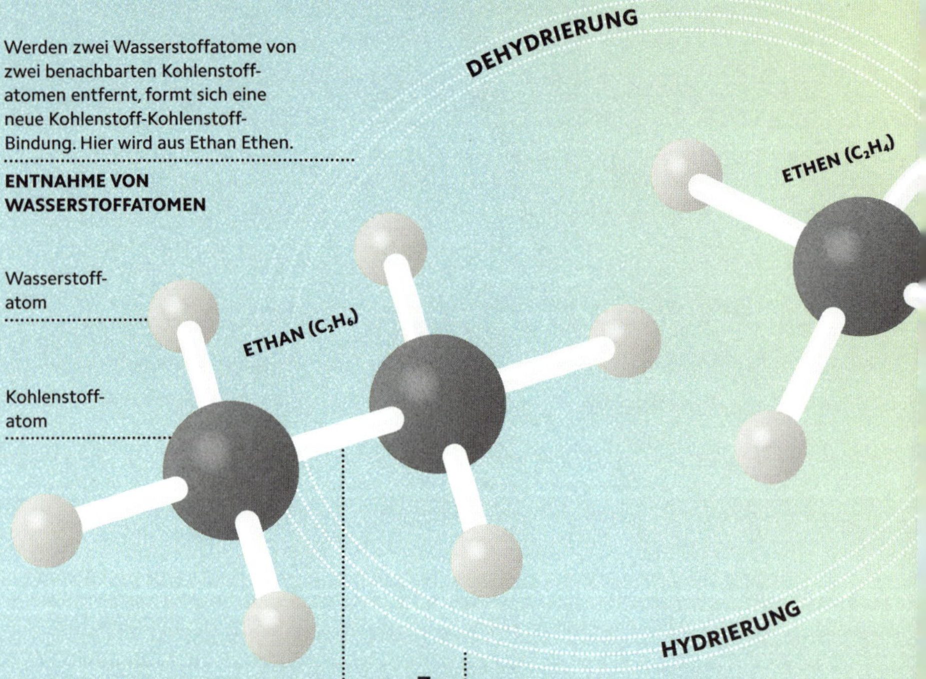

Kleine Alkane wie Methan und Ethan kommen in Erdgas vor. Aus ihrer Verbrennung erhält man Energie. Größere Alkane, etwa in Bitumen, sind weniger wertvoll.

ALKAN

HINZUFÜGEN VON WASSERSTOFF

Durch Addition von zwei Wasserstoffatomen an eine Doppel- oder Dreifachbindung werden zwei neue Kohlenwasserstoffbindungen geknüpft. Hier wird aus Ethen Ethan.

Alkane, Alkene und Alkine haben in ihren Kohlenwasserstoffbindungen eine Menge Energie gespeichert.

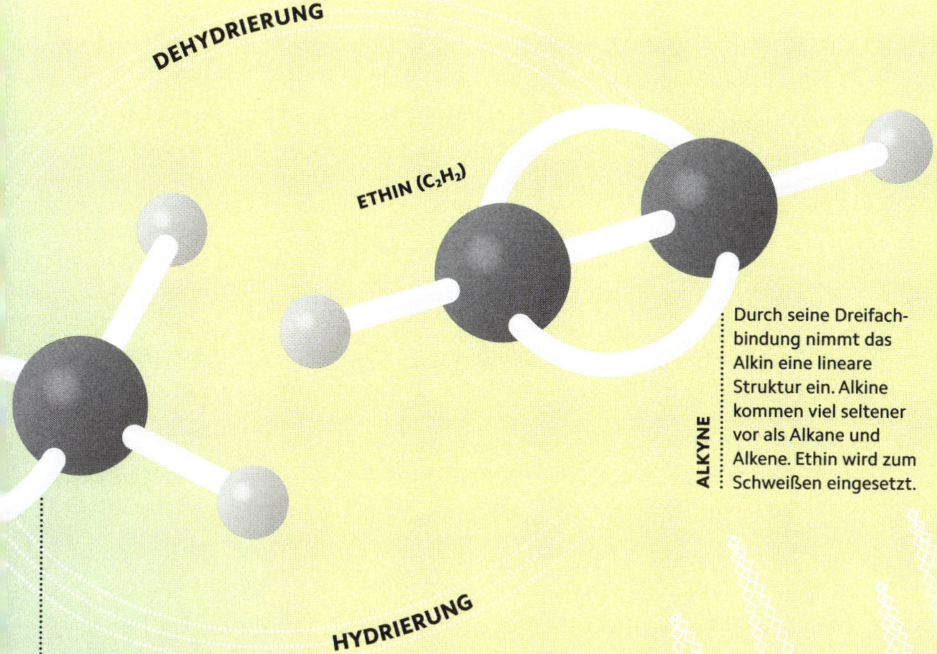

ALKYNE

Durch seine Dreifachbindung nimmt das Alkin eine lineare Struktur ein. Alkine kommen viel seltener vor als Alkane und Alkene. Ethin wird zum Schweißen eingesetzt.

ALKEN

Alkene entstehen beim Cracken von Rohöl (siehe S. 100), wenn langkettige Moleküle in kleinere, nützlichere Moleküle zerbrochen werden.

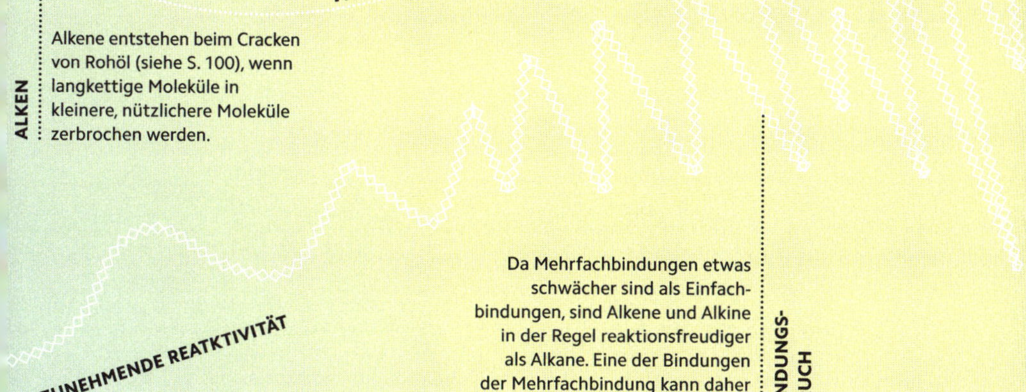

BINDUNGSBRUCH

Da Mehrfachbindungen etwas schwächer sind als Einfachbindungen, sind Alkene und Alkine in der Regel reaktionsfreudiger als Alkane. Eine der Bindungen der Mehrfachbindung kann daher leicht gespalten werden.

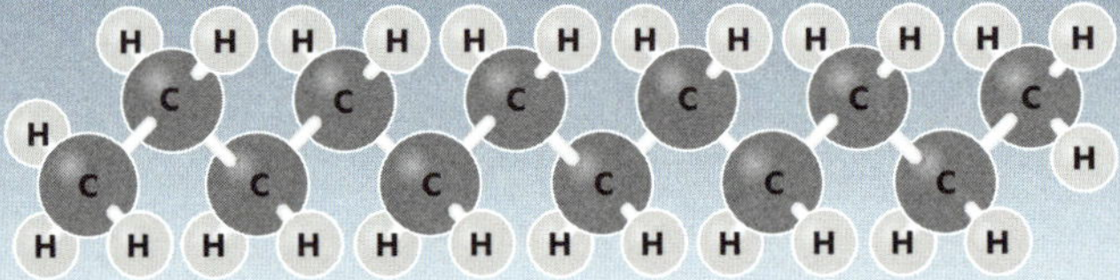

DODEKAN $C_{12}H_{26}$ (ALKAN)

ZEOLITHKATALYSATOR

Mit seiner porösen Struktur bietet der Zeolithkatalysator reichlich Andockstellen und zersetzt den heißen Kohlenwasserstoff in seinen Poren.

BINDUNGEN BRECHEN

Durch fraktionierte Destillation (siehe S. 76) werden die verschiedenen chemischen Bestandteile von Erdöl nach ihrem Siedepunkt getrennt. Ergebnis sind jedoch mehr langkettige als kurzkettige Kohlenwasserstoffe, obwohl letztere in der Industrie sehr nützlich sind. Daher werden einige der langkettigen Alkane durch Crackverfahren in kürzere Ketten aufgebrochen. Beim normalen Cracken wird ein Aluminiumsilikat (Zeolith) als Katalysator verwendet, der die Moleküle bei etwa 550 °C in kleinere Teile zerlegen kann. Das Dampfcracken läuft ohne Katalysator, aber bei über 800 °C ab.

Beim Cracken werden Alkene (Kohlenwasserstoffe mit mindestens einer Doppelbindung) produziert.

Auch kürzerkettige Alkane (Kohlenwasserstoffe ohne Doppelbindung) werden erzeugt.

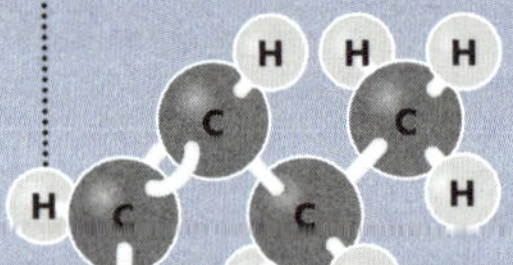

BUTEN C_4H_8 (ALKEN)

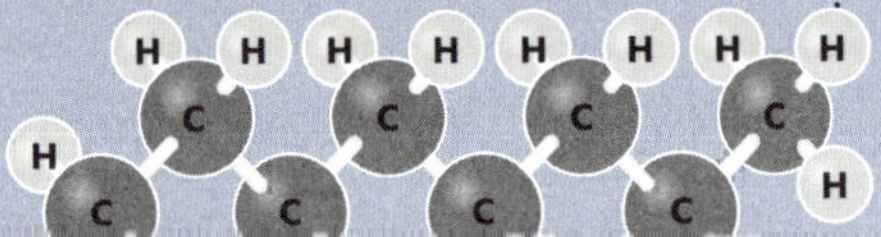

OKTAN C_8H_{18} (ALKAN)

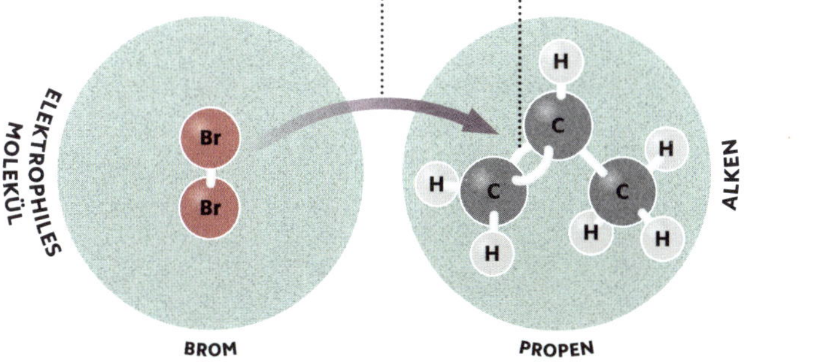

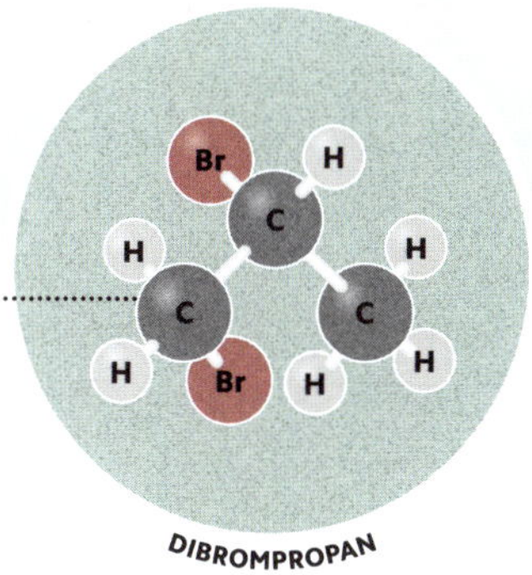

REAKTIONSFREUDIG

Durch die hohe Elektronendichte in der Doppelbindung sind Alkene reaktionsfreudige Moleküle, die insbesondere mit elektronenziehenden elektrophilen Molekülen wie Brom (Br_2) einen Bindungsbruch eingehen. Dabei löst sich eine der beiden Bindungen des Alkens und die Kohlenstoffatome bilden mit jeweils einem Atom des Elektrophils eine Einfachbindung neu. Durch die Addition des Elektrophils wird das ungesättigte Alken in seinen Bindungen gesättigt, das heißt, es ist keine weitere Einfachbindung an einem Kohlenstoffatom mehr möglich.

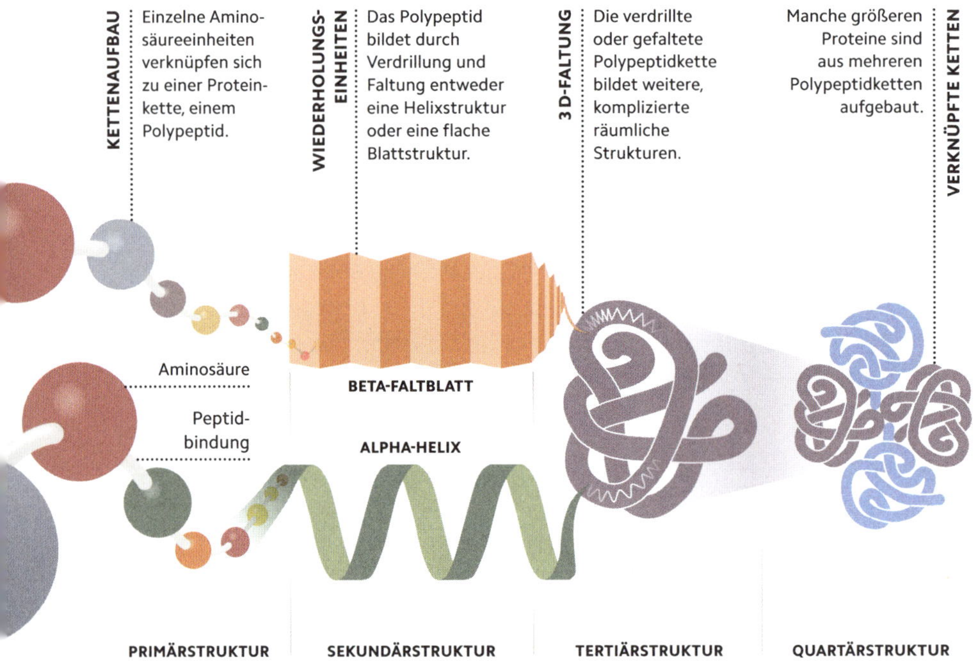

BAUSTEINE DES LEBENS

Proteine sind lange, räumlich oft sehr kompliziert gefaltete Ketten aus kleineren, chemisch miteinander verknüpften Molekülen, den Aminosäuren. Alle 20 natürlich vorkommenden Aminosäuren enthalten eine Aminogruppe ($-NH_2$), eine Carboxygruppe ($-COOH$) und eine für jede Aminosäure charakteristische Seitenkette. Die genaue Reihenfolge (Sequenz) der Aminosäureeinheiten in der Kette bestimmt, wie das Gesamtprotein gefaltet ist, und damit, welche Funktion das Protein im Körper ausübt.

SÜSSES LEBENSELIXIER

Die riesige Familie der Kohlenhydrate ist chemisch aus einfachen Zuckern, den Monosacchariden aufgebaut. Unsere wichtigste Energiequelle, die Kartoffel- oder Weizenstärke, besteht aus miteinander zu Polysacchariden verknüpften Monosacchariden. Verdauungsenzyme zerlegen die großen Kohlenhydratmoleküle wieder in einzelne Glucosemoleküle (Traubenzucker), die über die Darmschleimhaut in den Körper aufgenommen und entweder direkt in Energie umgesetzt oder in Form von Glykogen so lange gespeichert werden, bis der Körper auf die Energie zurückgreifen möchte.

MONOMERE

POLYMERE

DIMERE

MONOSACCHARIDE

Glucose, Fructose und Galactose sind Einfachzucker (Monosaccharide) und kommen in Obst, Honig und manchen Käsesorten vor.

DISACCHARIDE

Zwei Zuckereinheiten verbinden sich zu einem Disaccharid. Saccharose (Rohr- oder Rübenzucker), Maltose (Malzzucker) und Lactose (Milchzucker) sind Disaccharide.

POLYSACCHARIDE

Polysaccharide wie Stärke, Glykogen und Cellulose sind lange Ketten aus verknüpften Zuckereinheiten. Der Stärkegehalt in Lebensmitteln wie Reis stammt von Polysacchariden.

BIOLOGISCHER ZELLWALL

Lipide sind wasserunlösliche Biomoleküle aus Kohlenstoff-, Wasserstoff- und Sauerstoffatomen. Man kennt sie vor allem als Triglyceride (Fette), die in Butter, rotem Fleisch und Fischtran vorkommen. In Triglyceriden sind drei lange Kohlenwasserstoffketten mit einem Molekül Glycerin verknüpft. Sie sind hydrophob und stoßen Wassermoleküle ab. Die Phospholipide, eine andere Lipidgruppe, enthalten anstelle einer Kohlenwasserstoffkette eine Phosphatgruppe. Diese chemische Gruppe bindet Wasser sehr gut und ist deshalb hydrophil. Wegen ihrer hydrophilen und hydrophoben Eigenschaften können Phospholipide mit Wasser wechselwirken.

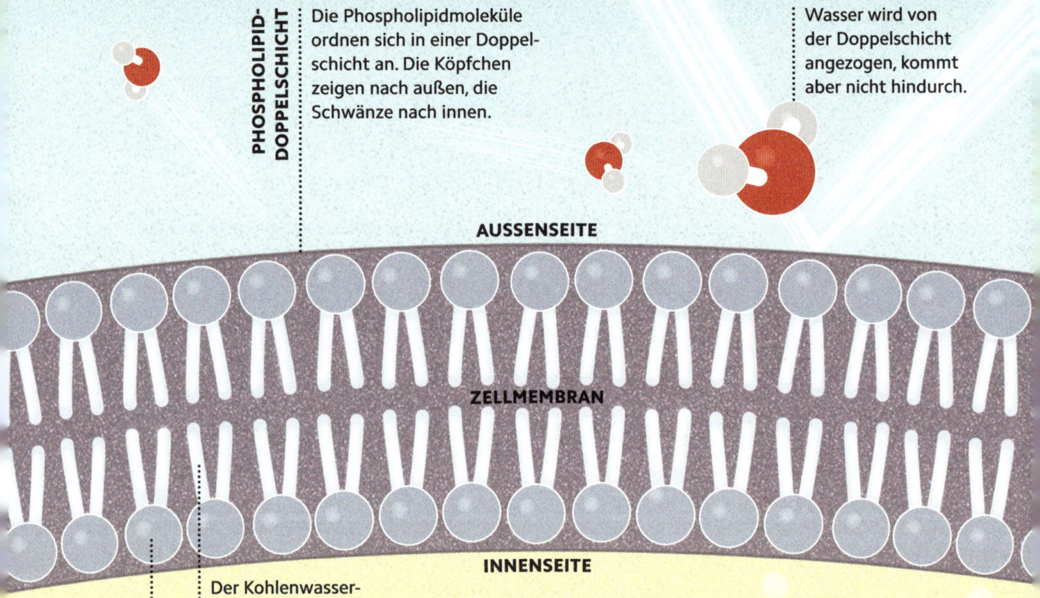

Schützende Zellmembran

Alle biologischen Zellen sind von aus Phospholipiden aufgebauten Membranen umgrenzt. Die Membran hält die Zellbestandteile in der Zelle fest und Schadstoffe von der Zelle fern.

PERFEKTER NATÜRLICHER KATALYSATOR

Enzyme sind lebenswichtige biologische Katalysatoren (siehe S. 70), da sie die Reaktionen des Lebens beschleunigen. Enzyme sind Proteine, die ein passgenaues Zielmolekül (Substrat) an sich binden können. Das Substratmolekül bildet in einer genau passenden Tasche, dem aktiven Zentrum, einen Enzym-Substrat-Komplex, der Voraussetzung für die Umsetzung zum Produkt ist. Das Produkt wiederum hat eine veränderte Form und muss das Enzym verlassen. Nachdem es sich vom Enzym gelöst hat, ist das aktive Zentrum frei für die nächste Reaktion.

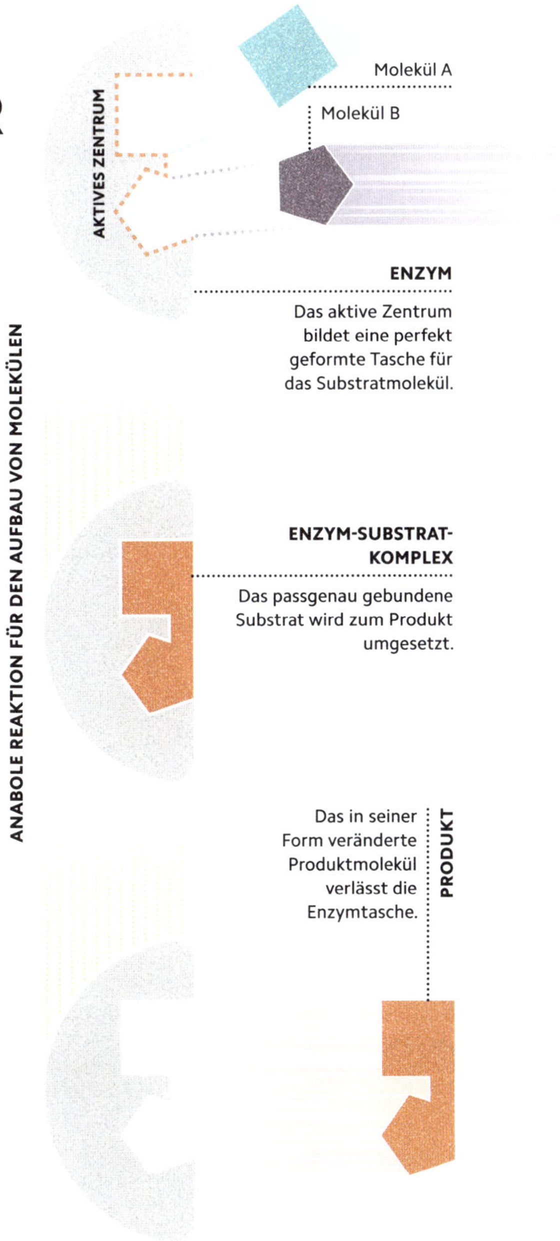

Stoffwechselreaktionen

Bei enzymatischen Stoffwechselreaktionen (Metabolismus) werden entweder kleine Moleküle anabolisch zu größeren aufgebaut oder größere Moleküle zu kleineren katabolisch abgebaut.

SPIRALE DES LEBENS

Die gesamte Erbinformation der Zelle steckt in der Desoxyribonukleinsäure (DNA). Dieses Molekül enthält die Bauanleitung für die Biomoleküle, die das Leben ermöglichen. Die DNA hat die Struktur einer Doppelhelix und sieht somit aus wie eine verdrillte Leiter. Aufgebaut ist sie aus miteinander verknüpften Nukleotideinheiten. Jedes Nukleotid wiederum besteht aus einem Zuckermolekül, einer Phosphatgruppe und einer von vier organischen Basen: Cytosin, Guanin, Adenin oder Thymin. Die Basen halten die beiden Stränge der Leiter durch Wasserstoffbrückenbindungen zusammen. Ihre Reihenfolge codiert die Erbinformation.

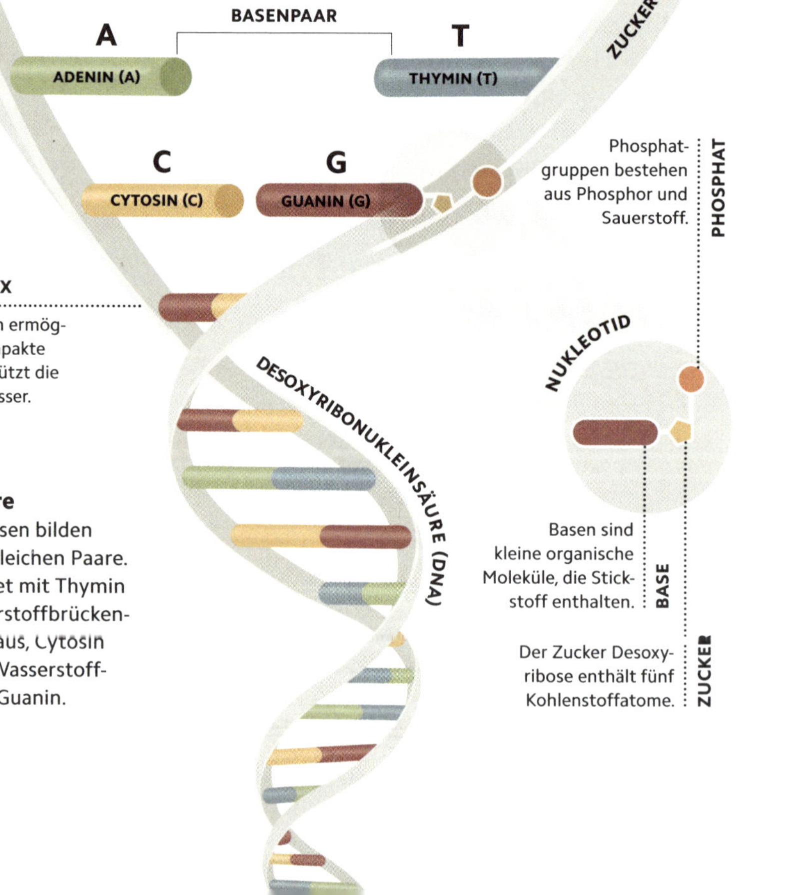

DOPPELHELIX

Die Spiralform ermöglicht eine kompakte Form und schützt die Basen vor Wasser.

Phosphatgruppen bestehen aus Phosphor und Sauerstoff.

Basen sind kleine organische Moleküle, die Stickstoff enthalten.

Der Zucker Desoxyribose enthält fünf Kohlenstoffatome.

Basenpaare
Die DNA-Basen bilden immer die gleichen Paare. Adenin bildet mit Thymin zwei Wasserstoffbrückenbindungen aus, Cytosin formt drei Wasserstoffbrücken zu Guanin.

ENERGIEWÄHRUNG DER ZELLE

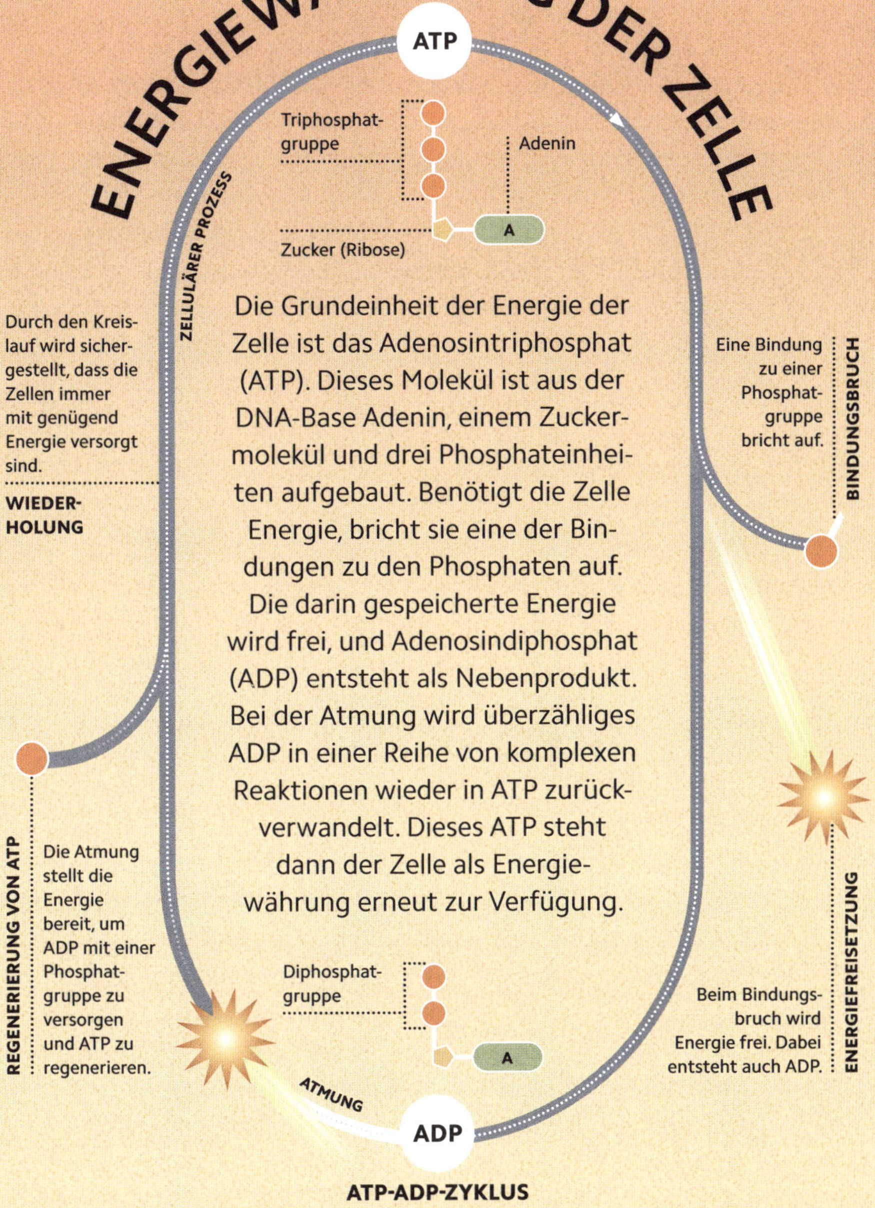

Die Grundeinheit der Energie der Zelle ist das Adenosintriphosphat (ATP). Dieses Molekül ist aus der DNA-Base Adenin, einem Zuckermolekül und drei Phosphateinheiten aufgebaut. Benötigt die Zelle Energie, bricht sie eine der Bindungen zu den Phosphaten auf. Die darin gespeicherte Energie wird frei, und Adenosindiphosphat (ADP) entsteht als Nebenprodukt. Bei der Atmung wird überzähliges ADP in einer Reihe von komplexen Reaktionen wieder in ATP zurückverwandelt. Dieses ATP steht dann der Zelle als Energiewährung erneut zur Verfügung.

Sauerstoffträger
Die Zellen im Körper müssen ständig mit Sauerstoff versorgt werden. Das Molekül, das den Sauerstoff transportiert, ist das Hämoglobin.

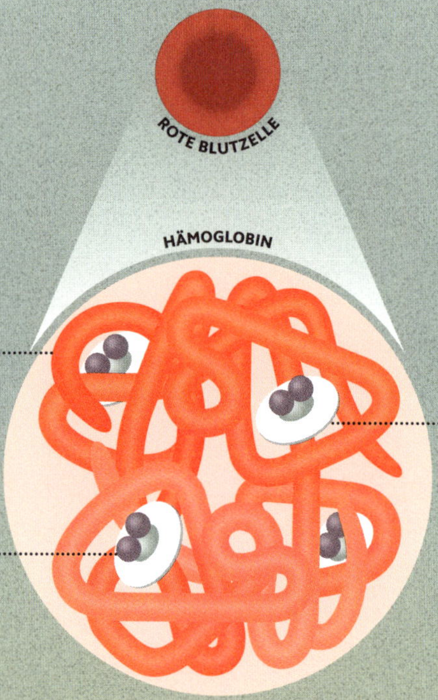

GLOBINKETTE
Hämoglobin setzt sich aus vier bandartigen Proteinketten, den Globinketten, zusammen.

SAUERSTOFF
Ein Sauerstoffmolekül (O_2) bindet an das Eisen im Zentrum des Häms.

HÄM
Jede Globinkette bindet Häm. Dieses Molekül besteht aus einem Porphyrinring mit einem Eisenatom im Zentrum.

SAUERSTOFFTRANSPORT

Der Sauerstoff wird im Körper vom Protein Hämoglobin transportiert. Die rote Farbe des Bluts stammt vom Hämoglobin. Dieses große Protein enthält Häm, ein schüsselförmiges Molekül (Porphyrin) mit einem Eisenion (Fe^{2+}) im Zentrum. Vier Proteinketten, Globine genannt, bilden zusammen das Hämoglobin. In einer sauerstoffreichen Umgebung wie der Lunge bindet jedes Häm im Hämoglobin ein Sauerstoffmolekül. Das Hämoglobin bringt den Sauerstoff an seinen Zielort, etwa den Muskeln, die bei ihrer Kontraktion Sauerstoff benötigen, und kehrt leer wieder zur Lunge zurück.

CHEMISCHE SIGNALSTOFFE

Hormone sind biochemische Botenstoffe, die zwischen Körperregionen Signale übertragen und wesentliche biologische Vorgänge wie Wachstum, Fortpflanzung und Stoffwechsel regulieren. Diese Moleküle werden in speziellen Organen, den Hormondrüsen, produziert und in den Blutstrom ausgeschüttet. An ihrem Zielort binden Hormone an bestimmte Rezeptorproteine, die wiederum die gewünschte Wirkung im Körper auslösen.

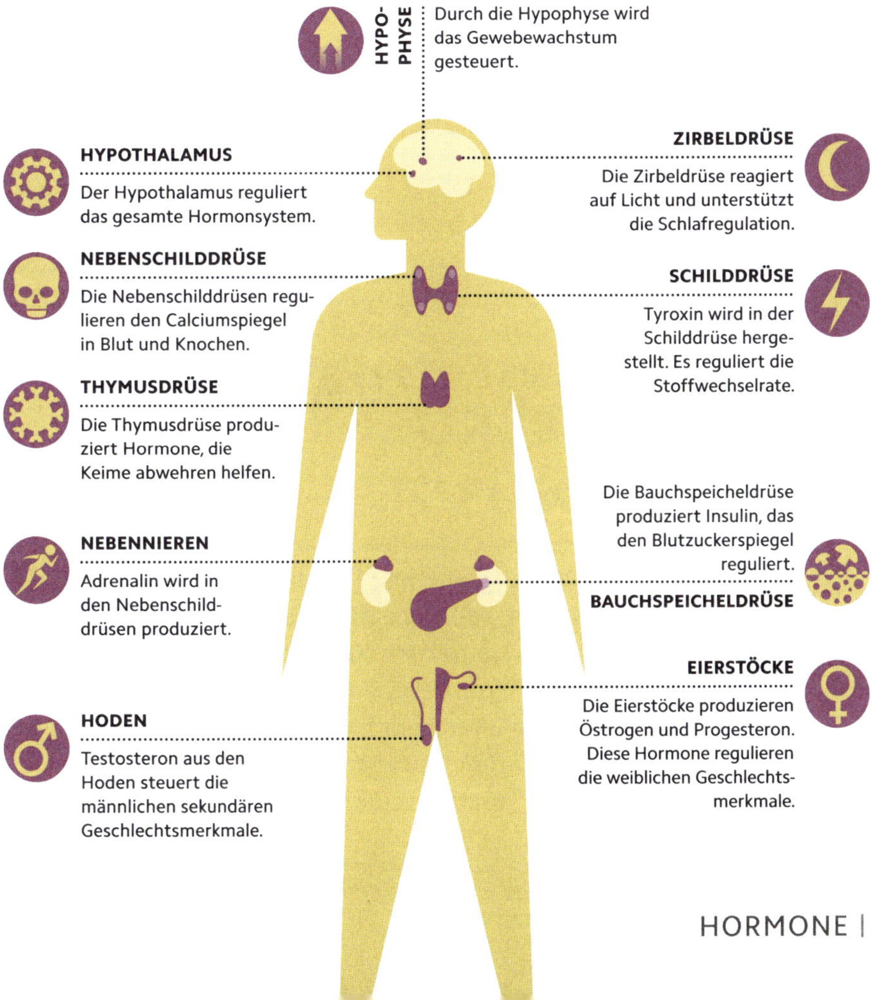

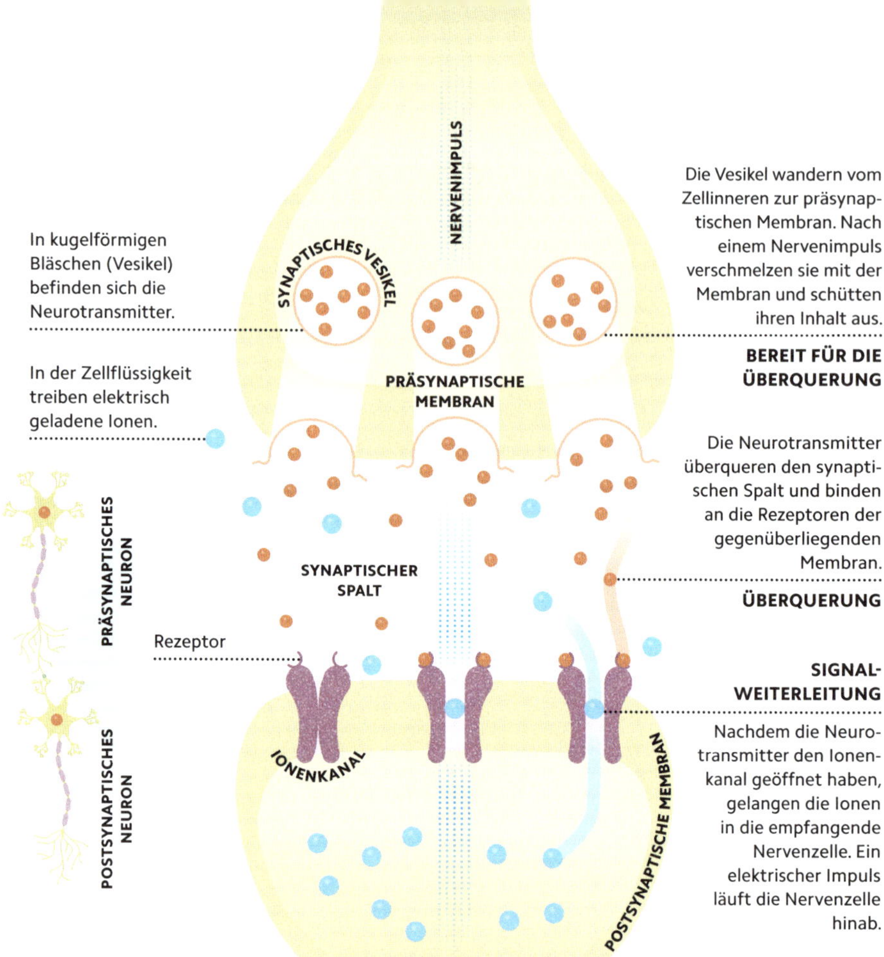

MOLEKÜLE DES BEWUSSTSEINS

Zwischen den Nervenzellen (Neuronen) liegt ein schmaler Spalt, der synaptische Spalt. Er kann von elektrischen Nervensignalen nicht direkt überbrückt werden. Daher übermitteln Neurotransmitter das Signal. Ist ein elektrisches Signal am Neuronenende angekommen, schütten synaptische Vesikel (Bläschen) Neurotransmitter in den synaptischen Spalt aus. Diese wandern über den Spalt, binden auf der anderen Seite an Rezeptoren und lösen so die Signalweiterleitung ins nächste Neuron aus.

SCHMUTZLÖSEND

Stoffe, die sich normalerweise nicht mischen, etwa Öl und Wasser, können durch den Zusatz von Tensiden miteinander vermischt werden. Dies ist möglich, weil Tensidmoleküle die Oberflächenspannung von Flüssigkeiten absenken. Tensidmoleküle bestehen aus einem wasseranziehenden (hydrophilen) und einem wasserabweisenden (hydrophoben) Teil. Viele Haushaltsmittel enthalten Tenside. So lösen zum Beispiel Waschmittel Schmutz und Fett aus Kleidungsstücken und Stoffen.

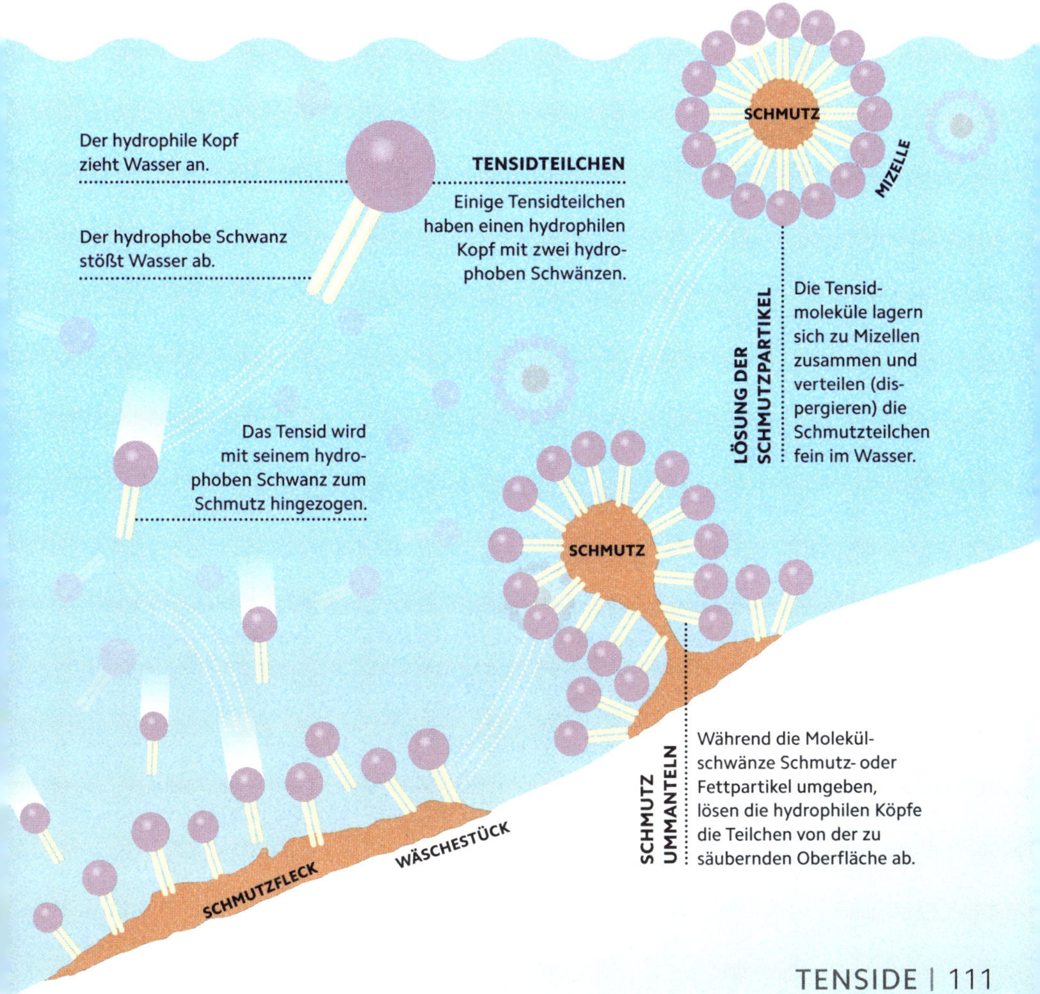

FABRIKEN DES LEBENS

Lebewesen benötigen zum Leben eine große Vielfalt an komplexen Molekülen, von Proteinen, aus denen Enzyme bestehen, bis zu Nukleobasen, in denen die Erbinformation der DNA codiert ist. Die Zellen stellen die Moleküle durch Biosynthese her, eine komplizierte Abfolge von chemischen Reaktionen. Jede Stufe in einem solchen Biosyntheseweg bewirkt oft nur eine kleine Veränderung, zum Beispiel das Hinzufügen oder Verändern einer chemischen Gruppe in einem Molekül. Um von einem einfachen zu einem komplizierten Produkt zu kommen, sind viele Biosyntheseschritte nötig. Enzyme stellen sicher, dass jede Reaktion schnell und präzise abläuft.

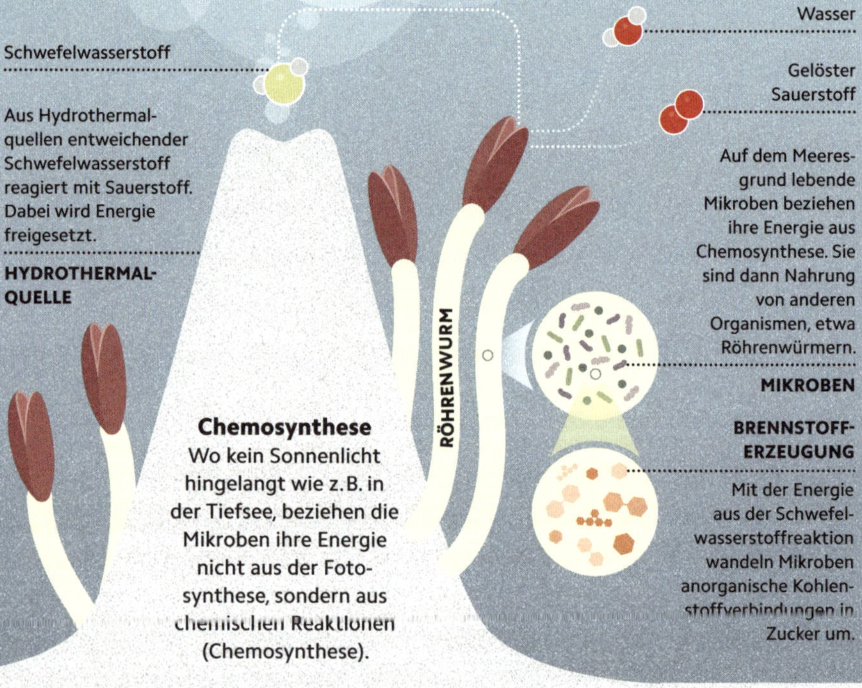

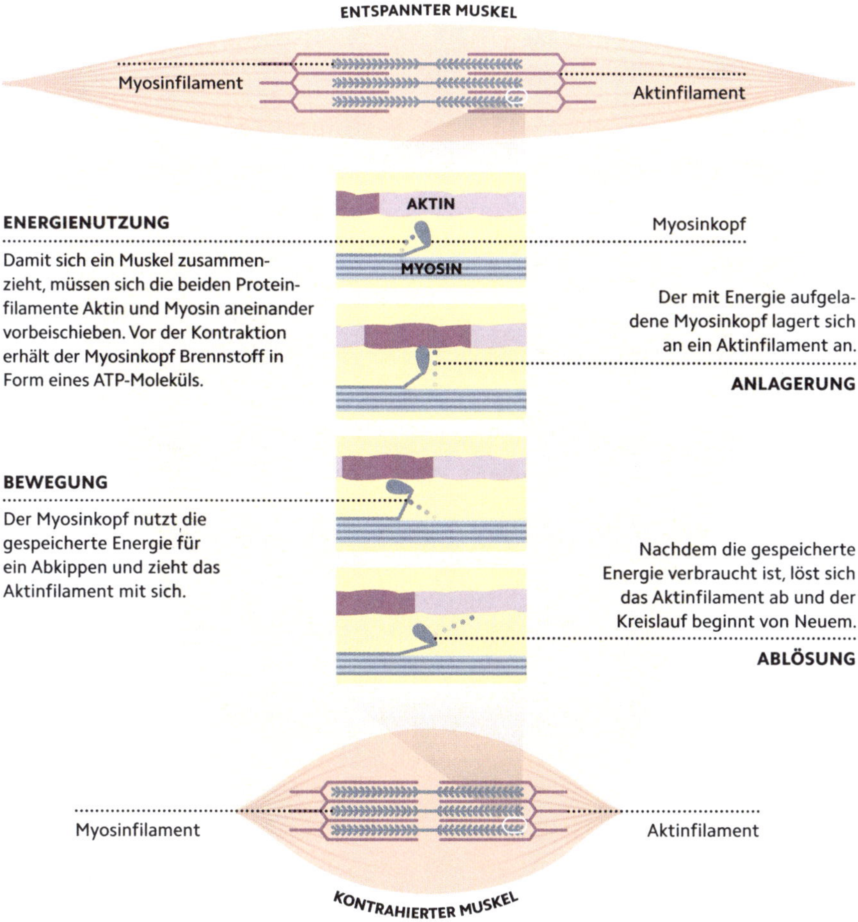

MOLEKULARER ANTRIEB

Wie normale Maschinen funktionieren auch molekulare Maschinen durch ein Zusammenspiel von beweglichen Teilen. Angetrieben durch Energie aus einer chemischen Reaktion löst dabei eine Formveränderung einer molekularen Komponente die Bewegung einer weiteren aus. Im menschlichen Körper sind Hunderte Nanomaschinen im Einsatz, um zum Beispiel Muskeln zu bewegen oder Zellen zu teilen.

NATUR CHEMI

STOFF-

Die Chemie ist der Schlüssel zu unserer Existenz auf dem einzigen Planeten, von dem wir wissen, dass es auf ihm Leben gibt. Durch die Verfügbarkeit von Wasser, die Entwicklung der Fotosynthese und die Entstehung einer atembaren Atmosphäre konnte sich das Leben entfalten. Milliarden Jahre später finden wir auf der Erde ein reichhaltiges Ökosystem mit Pflanzen und Tiere aller Art vor. Die Zeiten ändern sich jedoch und die Resilienz der Erde schwindet. Mit Chemie können wir die Auswirkung der Zivilisation auf das Klima und die Umgebung beschreiben und Lösungen finden, um die negativen Folgen zu mildern – wenn wir diese Lösungen denn umsetzen.

MOLEKÜL FÜRS LEBEN

Wasser ist keine gewöhnliche Flüssigkeit. In Wasser lösen sich viele Stoffe, und es steht im Zentrum aller lebenswichtigen chemischen Reaktionen. Die hohe Oberflächenspannung von Wasser fördert die Tröpfchenbildung. In fester Form ist es weniger dicht, weshalb Eis auf Wasser schwimmt. Diese Eigenschaften resultieren aus dem einfachen chemischen Aufbau des Wassermoleküls, dessen Sauerstoffatom negativ und dessen Wasserstoffatome positiv aufgeladen sind, und das eine V-Form bildet. Wasserstoffbrückenbindungen zwischen entgegengesetzt geladenen Atomen bilden den »Klebstoff« zwischen den Wassermolekülen.

GAS

Bis eine Flüssigkeit zu einem Gas wird, muss viel Energie aufgewendet werden, um sämtliche Wasserstoffbrückenbindungen zwischen den Flüssigkeitsmolekülen zu lösen.

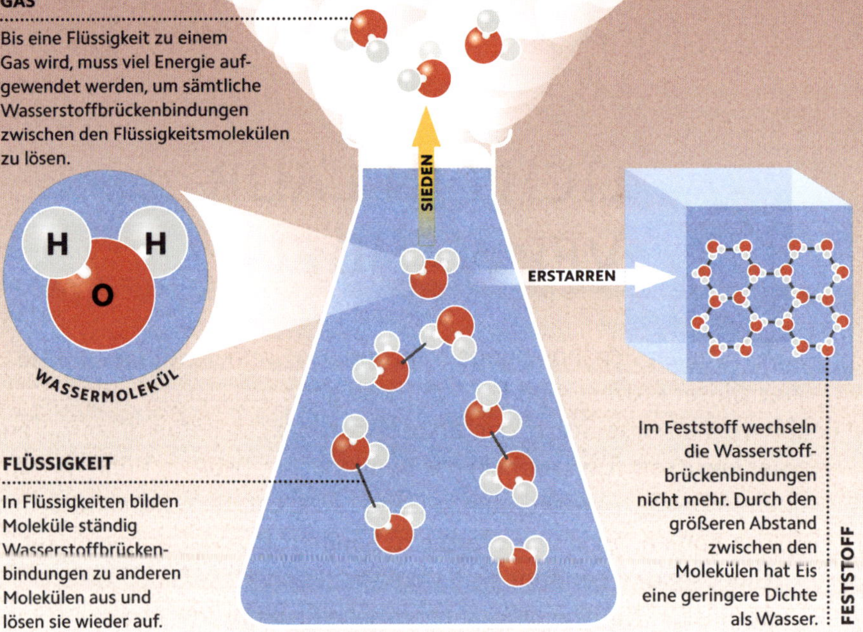

FLÜSSIGKEIT

In Flüssigkeiten bilden Moleküle ständig Wasserstoffbrückenbindungen zu anderen Molekülen aus und lösen sie wieder auf.

Im Feststoff wechseln die Wasserstoffbrückenbindungen nicht mehr. Durch den größeren Abstand zwischen den Molekülen hat Eis eine geringere Dichte als Wasser.

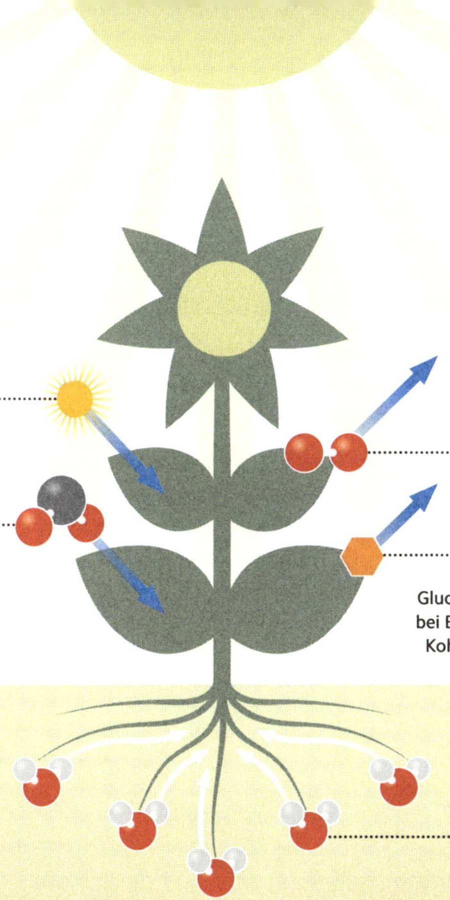

LICHT IN LAUB VERWANDELN

Pflanzen stellen sich ihre eigene Nahrung aus Sonnenenergie und Luft her. Dieser Prozess wird Fotosynthese genannt. Die chemischen Reaktionen dafür laufen in den Chloroplasten ab, Zellorganellen, deren grüner Farbstoff (Chlorophyll) das Sonnenlicht absorbiert und damit chemische Kettenreaktionen in Gang setzt. Letztlich wandelt die Pflanze Kohlendioxid und Wasser zu Sauerstoff und Traubenzucker (Glucose) um. Benötigt sie Energie, nutzt sie diese Glucose als Brennstoff für eine weitere chemische Reaktion, die Atmung.

VON DER HÖLLE ZUR ERDE

Die frühe Erdatmosphäre bestand vermutlich weitgehend aus CO_2, so wie heute noch diejenigen von Mars und Venus.

Forschende nehmen an, dass sich die Erdatmosphäre bereits kurz nach der Entstehung des Planeten bildete, als es eine Phase von heftiger vulkanischer Aktivität gab. Ihre genaue damalige Zusammensetzung ist unbekannt, aber wahrscheinlich war sie ein Cocktail aus giftigen vulkanischen Gasen und bestand zu etwa 95 Prozent aus Kohlendioxid und kleineren Mengen Schwefelwasserstoff, Methan, Stickstoff und Wasserdampf. Sauerstoff gab es nicht. Durch den hohen Gehalt an Kohlendioxid war der Planet viel heißer als heute und hatte möglicherweise eine Oberflächentemperatur von etwa 70 °C.

ATMENDE CHEMIE

Sauerstoffbildung
Vor ungefähr 2,7 Mrd. Jahren setzten Cyanobakterien zum ersten Mal Kohlendioxid aus der Luft in Sauerstoff um.

Die heutige Erdatmosphäre ist weit von den lebensfeindlichen Bedingungen der frühen Erde entfernt. Heute ermöglicht sie Leben und besteht zu ungefähr 78 Prozent aus dem inerten, unreaktiven Gas Stickstoff, das sich langsam seit der frühen Erde aufbaute. Weitere 21 Prozent sind Sauerstoff, den die meisten Lebewesen für die Atmung und die Energiegewinnung benötigen. 0,9 Prozent ist Argon. Das übrige 0,1 Prozent setzt sich aus Spurengasen einschließlich Kohlendioxid, Methan und Wasserdampf zusammen.

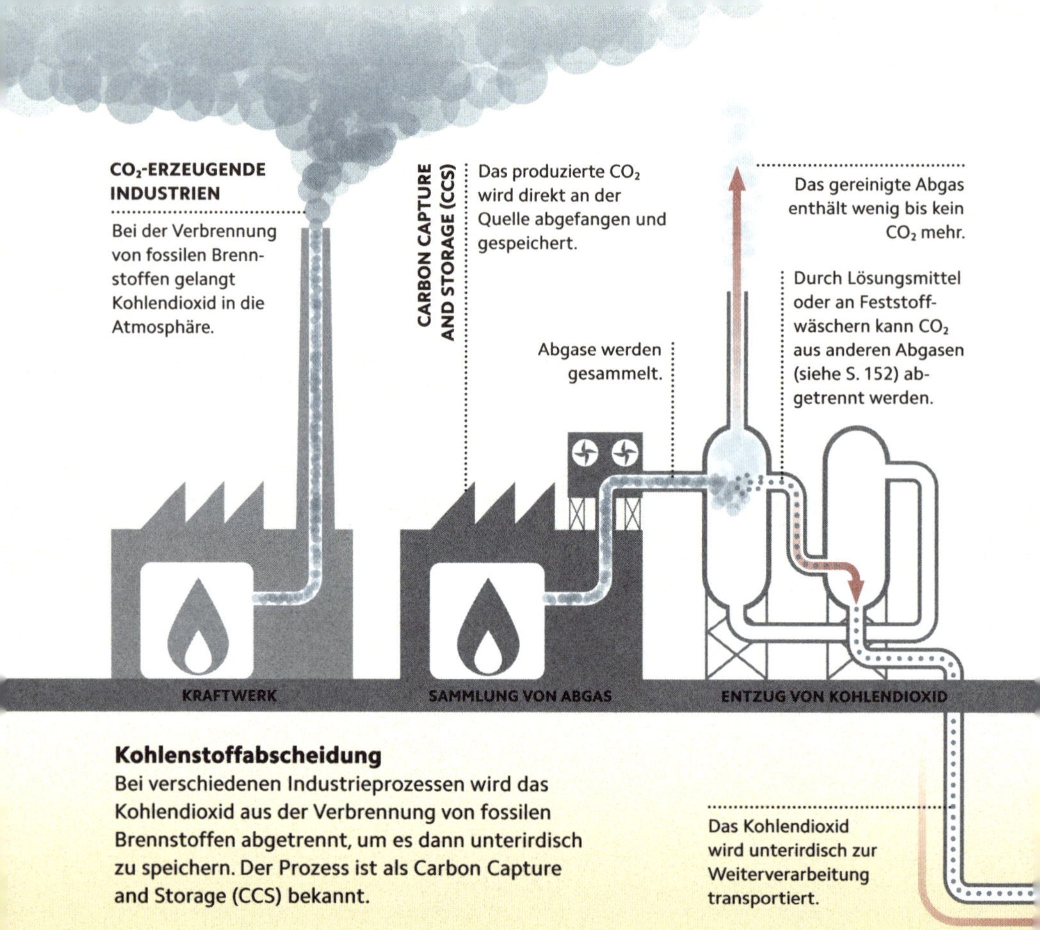

Kohlenstoffabscheidung
Bei verschiedenen Industrieprozessen wird das Kohlendioxid aus der Verbrennung von fossilen Brennstoffen abgetrennt, um es dann unterirdisch zu speichern. Der Prozess ist als Carbon Capture and Storage (CCS) bekannt.

GRAB FÜR DEN KLIMAKILLER

Fossile Brennstoffe sind eine ausgezeichnete Energiequelle, aber bei ihrer Verbrennung gelangt das Treibhausgas Kohlendioxid nach jahrmillionenlanger Speicherung tief in der Erde in die Atmosphäre. Kohle- und Gaskraftwerke produzieren riesige Mengen Kohlendioxid. Durch den stetigen Eintrag in die Atmosphäre steigt die Konzentration dieses Gases, das neben anderen Treibhausgasen wie Methan und Stickoxiden die globale Erderwärmung verstärkt. Treibhausgase absorbieren Sonnenenergie und heizen somit den Planeten auf.

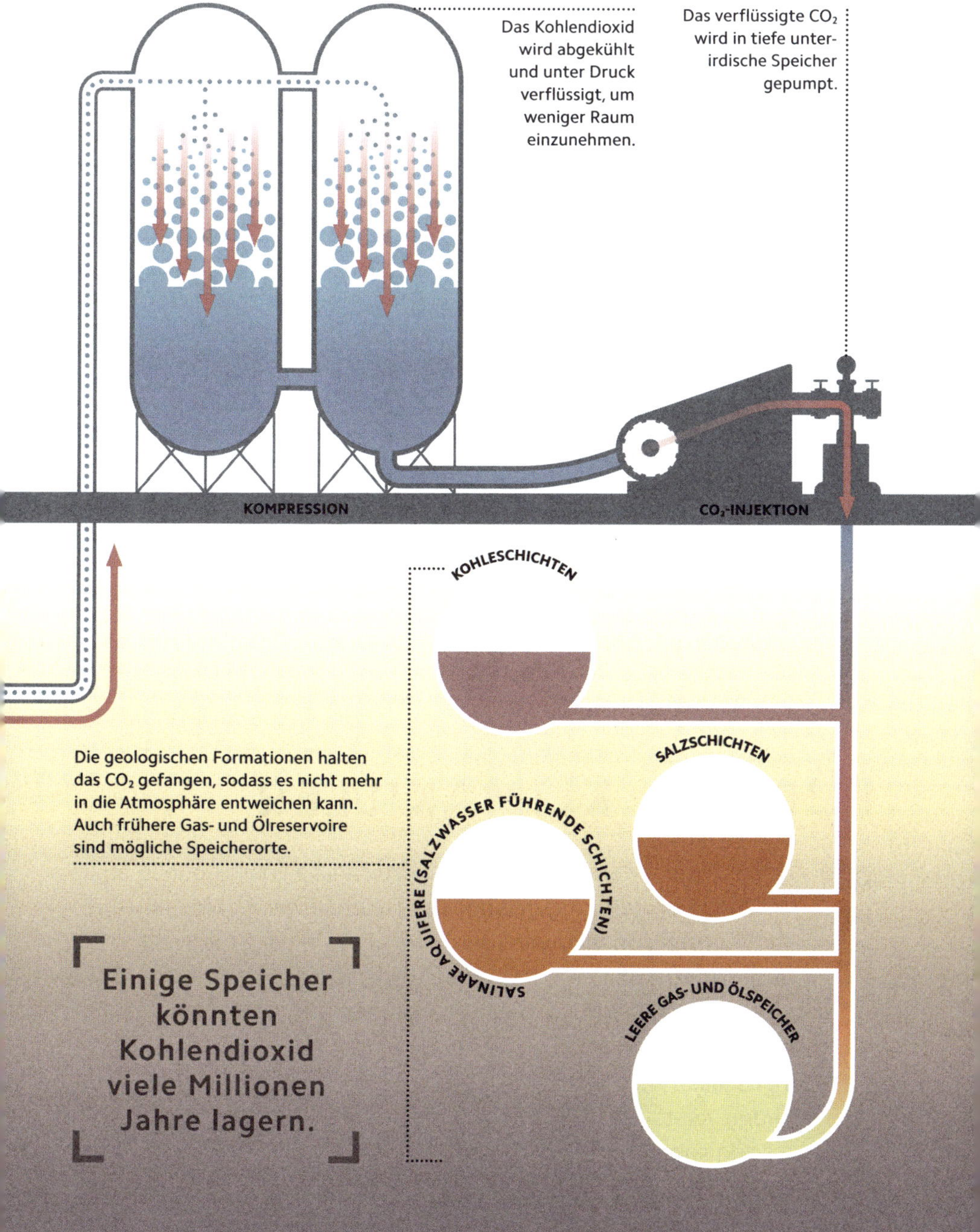
Das Kohlendioxid wird abgekühlt und unter Druck verflüssigt, um weniger Raum einzunehmen.
Das verflüssigte CO_2 wird in tiefe unterirdische Speicher gepumpt.
KOMPRESSION
CO_2-INJEKTION
KOHLESCHICHTEN
SALZSCHICHTEN
SALINARE AQUIFERE (SALZWASSER FÜHRENDE SCHICHTEN)
LEERE GAS- UND ÖLSPEICHER
Die geologischen Formationen halten das CO_2 gefangen, sodass es nicht mehr in die Atmosphäre entweichen kann. Auch frühere Gas- und Ölreservoire sind mögliche Speicherorte.
Einige Speicher könnten Kohlendioxid viele Millionen Jahre lagern.

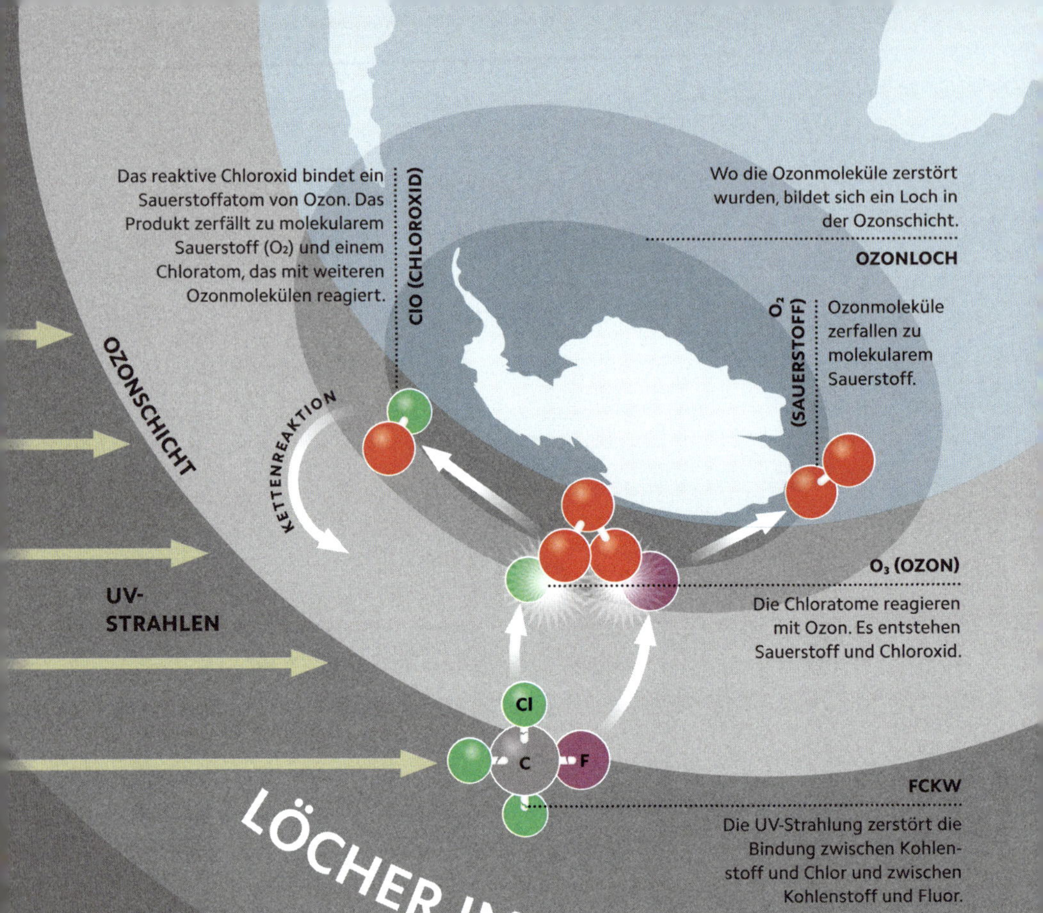

LÖCHER IM SCHUTZSCHILD

Ein Schutzschild aus Ozon schirmt die Erdoberfläche vom stärksten und krebserzeugenden Teil der ultravioletten (UV-)Strahlung der Sonne ab. Im Jahr 1985 entdeckten Forschende jedoch, dass diese Schutzschicht durch Fluorchlorkohlenwasserstoffe (FCKWs) geschädigt wird und dass sich bereits über der Antarktis ein Loch gebildet hatte. UV-Strahlung zerstört die Kohlenstoff-Chlor- und die Kohlenstoff-Fluor-Bindung, sodass reaktive Chloratome das Ozon angreifen können. Seit einem globalen Verbot von FCKWs von 1987 bildet sich die Ozonschicht allmählich wieder zurück. Einer Analyse zufolge könnte sich das Ozonloch Mitte des 21. Jahrhunderts wieder vollständig geschlossen haben.

Der Weltraum erscheint uns als eine unendliche leere Weite. Dennoch gibt es eine große chemische Aktivität. Die im Urknall erzeugten leichteren chemischen Elemente Wasserstoff (H), Kohlenstoff (C) und Sauerstoff (O) reagieren miteinander zu einfachen organischen Molekülen wie Ethanol (C_2H_6O), Methan (CH_4) und Formaldehyd (CH_2O). Mehr als 250 verschiedene Moleküle wurden im Weltraum entdeckt. Das Verständnis, wie diese grundlegenden Moleküle entstanden sind, lehrt uns etwas über den Beginn des Universums und den Ursprung des Lebens.

AUSSERIRDISCHE MOLEKÜLE

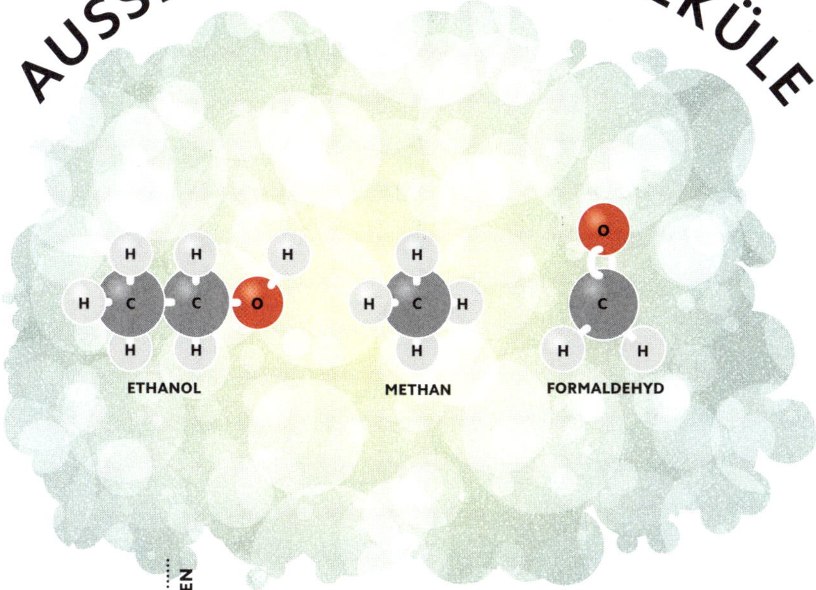

MOLEKÜLWOLKEN

In den aus Staub und Gas geformten interstellaren Wolken befinden sich komplexe Moleküle.

Kosmische Wiege

Im Weltraum formen sich viele einfache und komplexe Moleküle. Das größte bekannte Molekül besteht aus 70 Kohlenstoffatomen und hat eine Fußballform.

TECHNISCHE CHEMIE

Im Industriezeitalter wurde die Chemie zum Treibstoff der industriellen [illegible]. Auf der ganzen Welt begannen die Menschen, im großen Maßstab starke pharmazeutische Produkte, Pflanzenschutzmittel, Dünger, Tenside, Waschmittel und viele andere synthetische Produkte herzustellen. Transformative Entdeckungen wie die Düngemittelproduktion oder die Herstellung von Medikamenten sind ohne moderne technische Chemie nicht vorstellbar. Der genetische Code wurde entschlüsselt und die Nanotechnologie entdeckt. Die industriellen Prozesse haben jedoch Auswirkungen auf den gesamten Globus – und die Folgen beginnen wir gerade erst zu erkennen und zu verstehen.

ISCHE

E

Im Industriezeitalter wurde die Chemie zum Treibstoff der industriellen und technischen Revolution. Auf der ganzen Welt begannen die Menschen, im Großmaßstab Kunststoffe, pharmazeutische Produkte, Pflanzenschutzmittel, Dünger, Tenside, Waschmittel und viele andere synthetische Produkte herzustellen. Transformative Entdeckungen wie die Düngemittelproduktion und die Herstellung von Medikamenten sind ohne moderne technische Chemie nicht vorstellbar. Der genetische Code wurde entschlüsselt und die Nanotechnologie entdeckt. Die industriellen Prozesse haben jedoch Auswirkungen auf den gesamten Globus – und die Folgen beginnen wir gerade erst zu erkennen und zu verstehen.

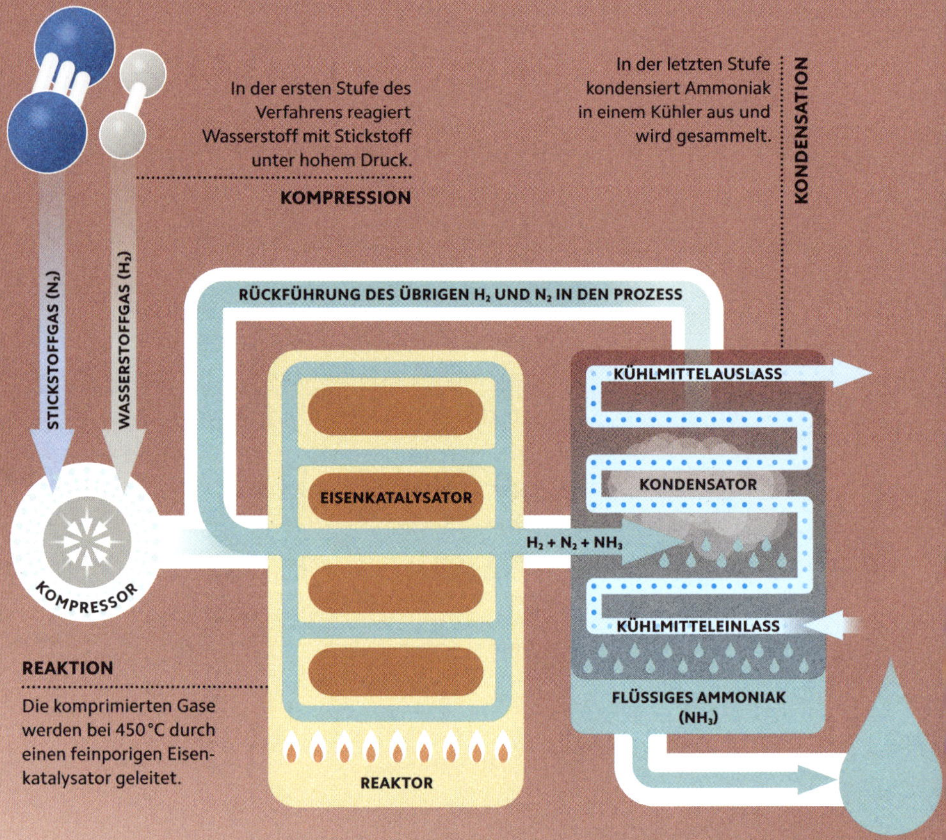

AMMONIAKSYNTHESE

Zu den wichtigen Industriechemikalien gehört Ammoniak (NH_3), das aus Wasserstoff (H_2) und Stickstoff (N_2) gewonnen wird. Beide Gase stehen reichlich zur Verfügung, aber Stickstoff ist wegen seiner festen Dreifachbindung kaum reaktiv. Anfang des 20. Jahrhunderts entwickelte Fritz Haber eine Ammoniaksynthese, die durch Druck und einen Katalysator (siehe S. 70) stark beschleunigt wird. Carl Bosch brachte sie auf einen industriellen Maßstab. Das Haber-Bosch-Verfahren ermöglicht die Produktion von Ammoniak für Düngemittel, Sprengstoffe und Farbstoffe.

PFLANZENFUTTER

Pflanzen brauchen Stickstoff zum Wachsen. Obwohl die Luft fast zu 80 Prozent aus Stickstoff besteht, können ihn die Pflanzen jedoch nicht direkt aufnehmen. Im Prozess der Stickstofffixierung wandeln Bodenbakterien den Stickstoff in eine verwertbare Form um. Düngemittel sind wasserlösliche Ammoniumsalze, die durch eine chemische Reaktion von Ammoniak und Säure gewonnen und von den Pflanzen über die Wurzeln aufgenommen werden können.

REAKTION
Im Sättiger werden Schwefelsäure und Ammoniak mit Wasser vermischt.

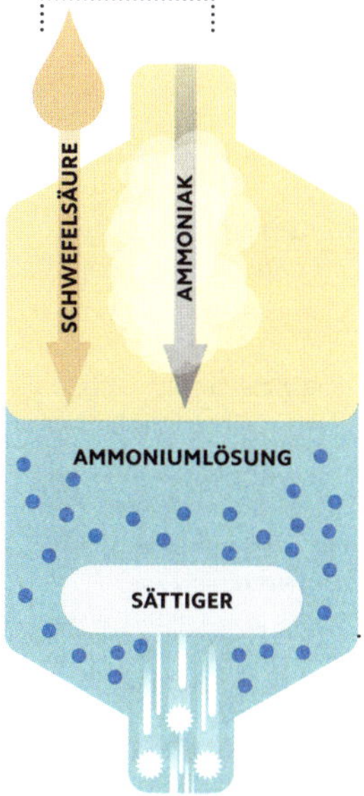

Schwefelsäure und Ammoniak reagieren im Mischer zu kristallinem Ammoniumsulfat.
MISCHER

ABFALLPRODUKTE
Ein Partikelfilter entfernt den Staub, die gereinigten Gase entweichen als Abluft.

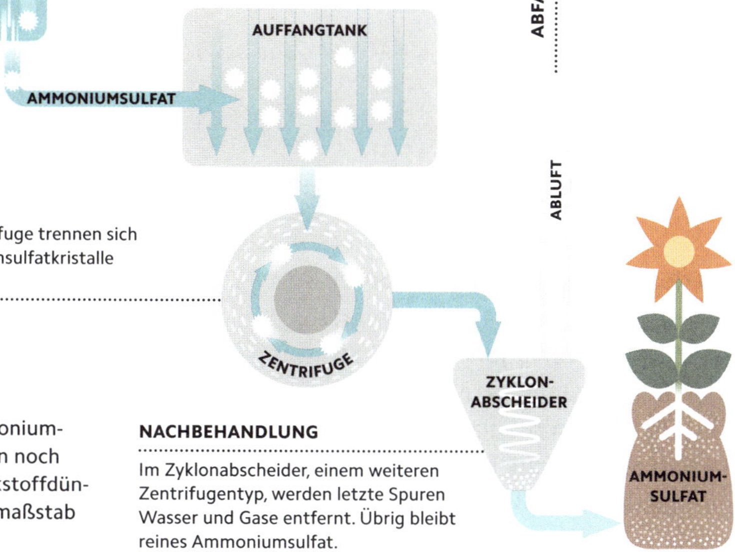

In einer Zentrifuge trennen sich die Ammoniumsulfatkristalle vom Wasser.
TRENNUNG

NACHBEHANDLUNG
Im Zyklonabscheider, einem weiteren Zentrifugentyp, werden letzte Spuren Wasser und Gase entfernt. Übrig bleibt reines Ammoniumsulfat.

Dünger
Neben Ammoniumsulfat werden noch weitere Stickstoffdünger im Großmaßstab hergestellt.

FORMBARE STÜCKE

Kunststoffe sind künstlich erzeugte Polymere, also große Moleküle, die aus Wiederholungseinheiten kleinerer Moleküle (Monomere) gebildet werden (siehe S. 72–73). Deren Typ und die Art ihrer Verknüpfung bestimmen die Beschaffenheit des Polymers. Kunststoffe wie Polyethylen und Polypropylen werden beim Erwärmen weich und lassen sich umformen. Die nicht schmelzenden Epoxidharze und Polyurethane werden für Isolierschaum und feuerfeste Beschichtungen verwendet. Kunststoffe zersetzen sich wegen ihrer festen molekularen Bindungen kaum auf natürliche Weise.

Polymerfamilien
Die Verknüpfungsart zwischen den einzelnen Polymerketten bestimmt zum großen Teil das Verhalten beim Erwärmen. Auch die räumliche Anordnung der Atome hat einen Effekt.

Nach einer Prognose wird im Jahr 2050 mehr Plastik in den Meeren schwimmen als Fische.

DUROPLASTE

Duroplaste sind hart und spröde und schmelzen selbst bei hohen Temperaturen nicht auf. Während der Herstellung durchläuft das Material einen als Härtung bekannten Prozess, in dem die Polymerketten untereinander quervernetzt und damit in ihrer Beweglichkeit eingeschränkt werden.

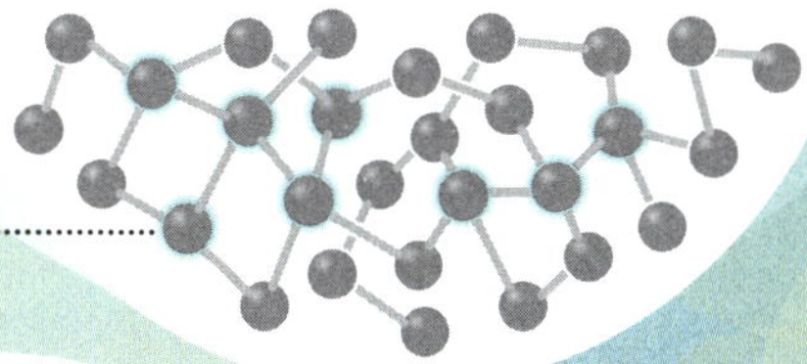

Quervernetzungen machen die Polymerketten weniger beweglich und hitzebeständig.

THERMOPLASTE

Etwa 80 Prozent aller Kunststoffe sind Thermoplaste. Anders als Duroplaste können sie viele Male umgeformt und aufgeschmolzen werden. Somit sind sie gut recycelbar. Ihre langen Polymerketten sind nicht quervernetzt, sondern halten durch schwache zwischenmolekulare Kräfte zusammen.

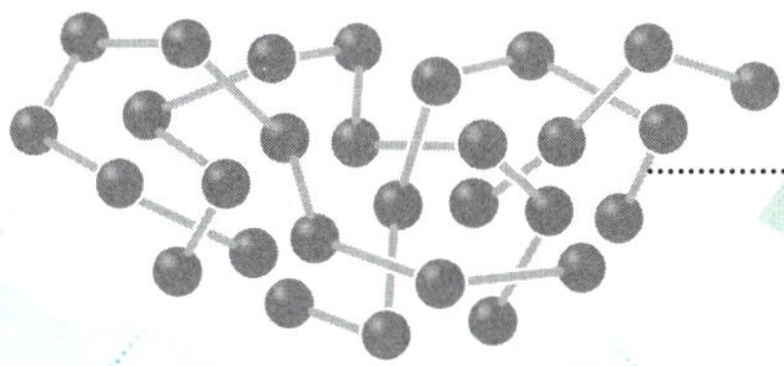

Die schwache Anziehungskraft zwischen den Polymerketten schwächt sich weiter ab, wenn der Kunststoff erwärmt wird.

AMORPH

In amorphen Kunststoffen liegen die Polymerketten zufällig und ungeordnet vor. Diese Kunststoffe schmelzen leicht und lassen sich verformen, bleiben nach dem Verformen aber spröde.

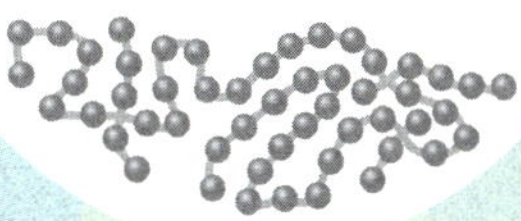

SEMIKRISTALLIN

Semikristalline Kunststoffe enthalten neben ungeordneten auch kristalline Bereiche mit geordneten Polymerketten. Diese Kunststoffe sind langlebig, brechen aber unter Stoßeinwirkung leicht durch.

Geordneter Bereich

Ungeordneter Bereich

FOSSILE VOR DEM AUS

Fossile Brennstoffe haben ihren Namen von der fossilen Herkunft ihres Rohstoffs, nämlich unterirdischer Reste prähistorischer Lebewesen. Kohle und Methan waren einmal Pflanzen, Erdöl Meeresbewohner. Fossile Brennstoffe sind Verbindungen von Kohlenstoff und Wasserstoff (Kohlenwasserstoffe) mit etwas Verunreinigungen. Bei der Verbrennung von Methan, Kohle und Erdölprodukten wie Benzin und Diesel entsteht Kohlendioxid (CO_2), das in der Atmosphäre zum Klimawandel beiträgt.

Globale Erwärmung

Derzeit erwärmt sich die Erde um 0,20 °C je Dekade. Ein wesentlicher Treiber ist das Kohlendioxid in der Atmosphäre. Förderung, Verarbeitung und Verbrennung von fossilen Rohstoffen verändern das Klima. Forschende versuchen, sauberere Alternativen zu den Fossilen zu finden (siehe Seite gegenüber).

SAUBERERE ENERGIE

Alternative Kraftstoffe sind nicht erdölbasiert (siehe S. 76). Sie bestehen aus Wasserstoff (siehe S. 132) oder es sind Biokraftstoffe, die aus Pflanzen oder Algen hergestellt werden. Biokraftstoffe produzieren zwar auch Kohlendioxid (CO_2), aber insgesamt weniger als die Fossilen, da Algen und Pflanzen CO_2 aufnehmen, um zu wachsen. Biokraftstoffe verschmutzen weniger die Luft, sie können zum Beispiel aus gebrauchtem Frittierfett gewonnen werden und sie sind erneuerbar, also im Prinzip unendlich verfügbar.

Biokraftstoffe
Algen setzen Kohlendioxid und Wasser in energiereiche Kohlenwasserstoffe um, die als Biokraftstoff verwendet werden können.

SONNENLICHT

Kraftfahrzeuge können anstelle von Benzin oder Diesel auch mit Biokraftstoffen fahren.

FREIGESETZTES CO_2

Algen sind Lebewesen, die Fotosynthese betreiben und CO_2 aufnehmen.

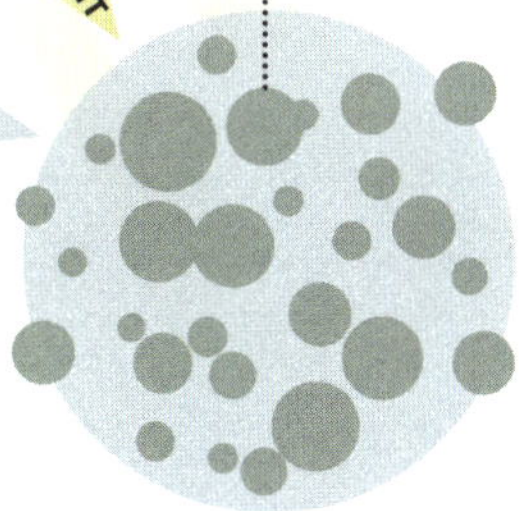

KOHLENSTOFFREICHES ÖL AUS ALGEN

Vor der Verwendung muss Erdöl raffiniert werden.

RAFFINIERTER BRENNSTOFF

Der Kraftstoff kann normal verteilt und getankt werden.

BRENNSTOFFE, DIE FOSSILE BRENNSTOFFE ERSETZEN

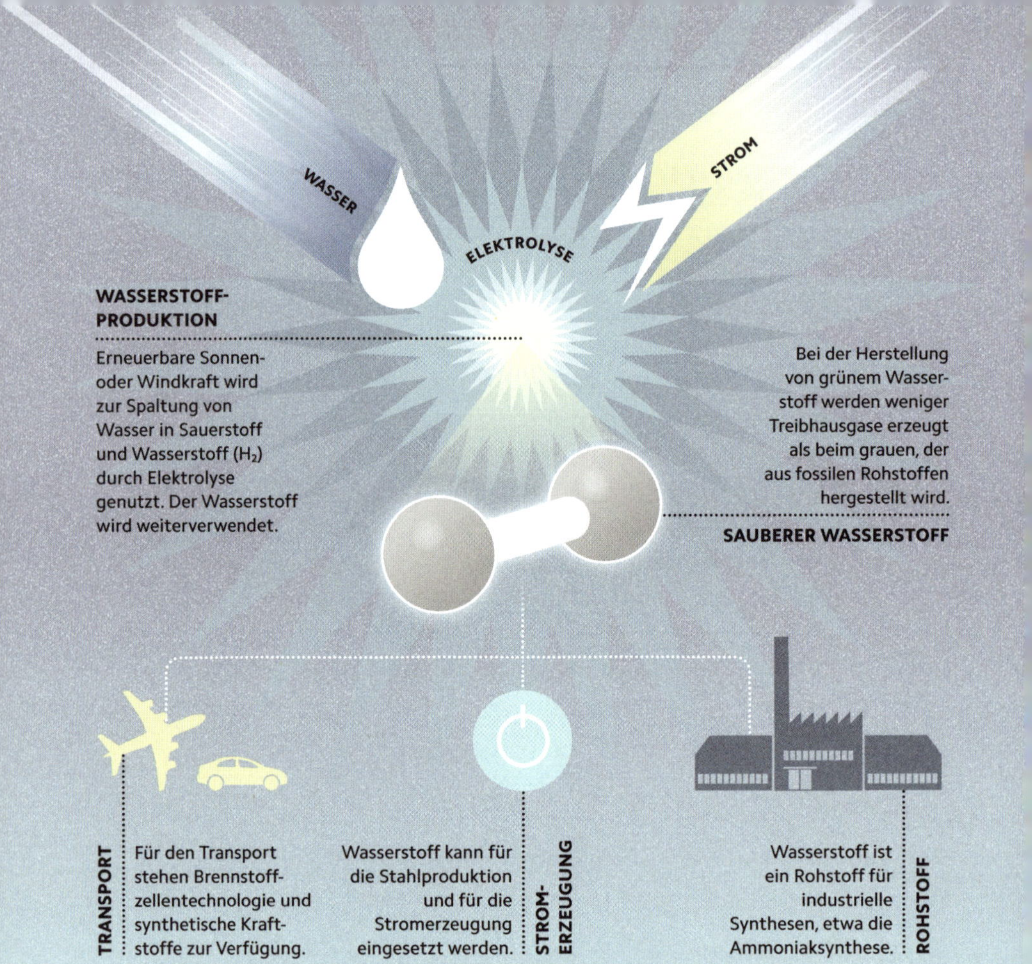

WASSERSPALTUNG

Eine fossilfreie Welt benötigt grünen Wasserstoff, der aus erneuerbaren Rohstoffen und mit erneuerbaren Energie erzeugt wird. Wasserstoff kommt auf der Erde fast nur in Verbindungen, zum Beispiel Wasser (H_2O), vor. Industriell wird Wasserstoff (H_2) aus fossilen Rohstoffen gewonnen, aber durch Elektrolyse (siehe S. 69) gelingt seine Herstellung durch Spaltung von Wasser mit erneuerbaren Energien. Wasserstoff ist ein umweltfreundlicher Brennstoff, da bei der Reaktion mit Sauerstoff wieder nur Wasser entsteht ($2H_2 + O_2 \rightarrow 2H_2O$).

MOLEKULARE ERNEUERUNG

Bei den klassischen Recyclingverfahren für Plastik werden alte Kunststoffprodukte eingeschmolzen und der Rohstoff erneut eingesetzt. Das funktioniert jedoch nur mit Thermoplasten (siehe S. 128–129), die beim Erwärmen weich werden. Der größte Teil des Plastikabfalls kann nicht wirksam recycelt werden. Alternative Recyclingverfahren setzen auf die Zerlegung der Polymerkette zurück in die Monomere, was als chemisches Recycling oder Depolymerisation bekannt ist. Allerdings haben verschiedene Kunststoffe unterschiedliche Monomere, sodass jeder Kunststoff sein eigenes Depolymerisationsverfahren haben müsste. Aus diesem Grund ist es notwendig, Plastikmüll zu trennen.

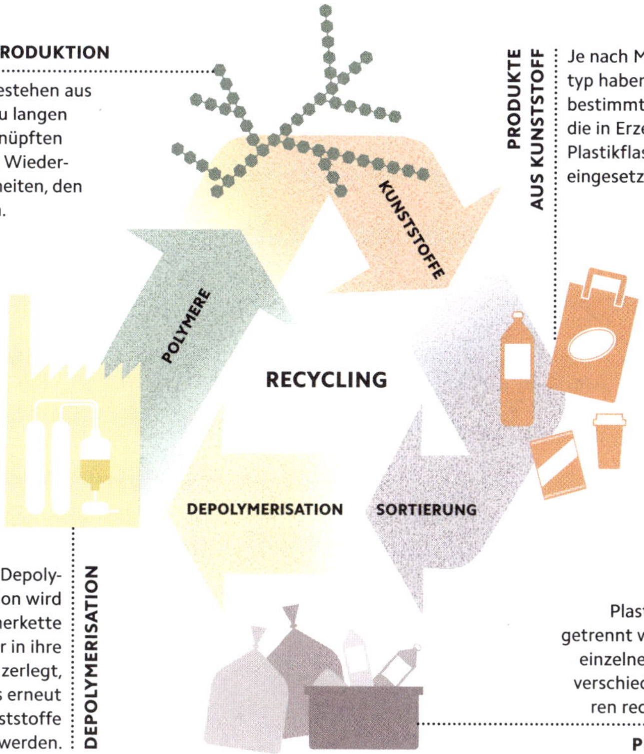

POLYMERPRODUKTION

Polymere bestehen aus einzelnen, zu langen Ketten verknüpften chemischen Wiederholungseinheiten, den Monomeren.

PRODUKTE AUS KUNSTSTOFF

Je nach Monomertyp haben Kunststoffe bestimmte Eigenschaften, die in Erzeugnissen von Plastikflaschen bis Möbeln eingesetzt werden.

DEPOLYMERISATION

Durch Depolymerisation wird die Polymerkette wieder in ihre Monomere zerlegt, woraus erneut Kunststoffe gefertigt werden.

PLASTIKMÜLL

Plastikabfall muss getrennt werden, da die einzelnen Typen nach verschiedenen Verfahren recycelt werden.

CHEMIE GEGEN SCHÄDLINGE

Um bessere Ernten zu erzielen, werden in der Landwirtschaft großflächig Pflanzenschutzmittel eingesetzt. Diese stark regulierten Substanzen schützen die Pflanzen vor Schädlingen oder Unkrautbewuchs. Sie wirken oft als Hemmstoffe für wichtige Enzyme oder sie verhindern die Zellteilung. Manche zielen nur auf bestimmte Arten ab, während andere einen Vollschutz bieten. Obwohl bereits geringe Mengen einen Befall verhindern, können sich die Stoffe ungewollt durch Luft, Wasser oder Boden in der Umgebung verteilen. Da bei vielen Chemikalien ein Zusammenhang mit Erkrankungen von Tieren und auch Menschen beobachtet wurde, unterliegen die Mittel allgemein einer strengen Kontrolle.

Toxische Nahrungskette

Je weiter hinauf ein Pestizid in der Nahrungskette wandert, desto stärker reichert es sich an und desto giftiger wird es. Der Vorgang wird Bioakkumulation genannt.

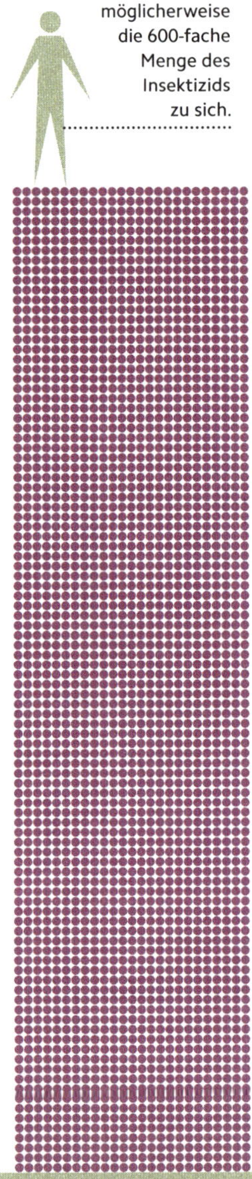

UNZERSTÖRBAR UND UMWELTSCHÄDLICH

KÖRPERPFLEGE-PRODUKTE

FEUERFESTER SCHAUM

WASSERFESTE WERKSTOFFE

ANTIHAFT-BESCHICHTUNGEN

ANSTRICHFARBEN

Einen Werkstoff mit perfekten Eigenschaften zu finden, ist nicht einfach. In den 1930er Jahren entdeckten Forschende eine neue Stoffklasse, die PFAS (per- und polyfluorierte Alkylverbindungen). Dank ihrer festen Kohlenstoff-Fluor-Bindungen sind PFAS wasserabweisend, schlag- und stoßfest, hitze- und kälteresistent und zudem kaum reaktiv. Schnell fanden sie daher in unzähligen Alltagsprodukten vom Löschschaum bis zu antihaftbeschichteten Pfannen Verwendung. Aber die Resistenz gegen alles führt auch zu einer Persistenz in der Umwelt. Da viele dieser Ewigkeitschemikalien gesundheitsschädlich sind, dürfen einige nicht mehr hergestellt werden.

FOTOGRAFIE

FAST-FOOD-VERPACKUNGEN

POPCORNTÜTEN FÜR DIE MIKROWELLE

PESTIZIDE

KOSMETIKA

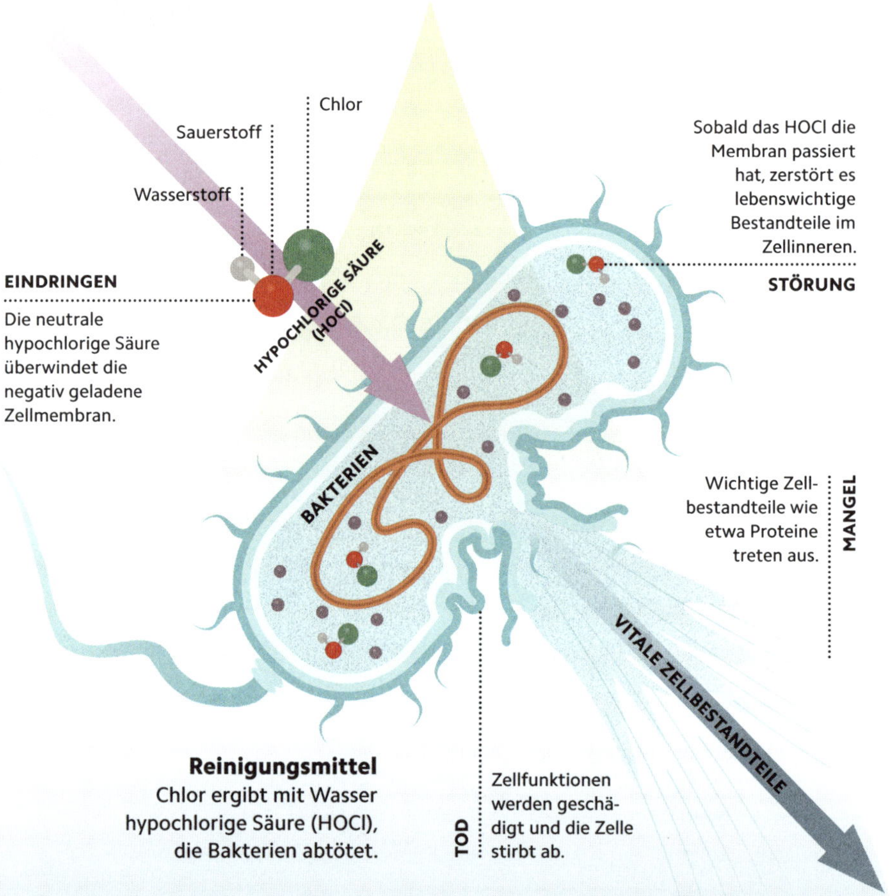

SAUBERES TRINKWASSER

Damit Trinkwasser sicher ist, muss es desinfiziert werden. Dabei werden alle dort vorhandenen Mikroorganismen abgetötet. Insbesondere in warmen Ländern geschieht dies im Haushaltsbereich häufig durch Chlorierung. Gechlortes Wasser tötet alle Bakterien, Viren und Keime ab. Chlor bildet in Wasser sowohl hypochlorige Säure (HOCl) als auch Hypochlorit (OCl^-), die Mikroorganismen und Bakterien vernichten. Spuren von Chlor desinfizieren das Wasser noch lange nach der Chlorzugabe.

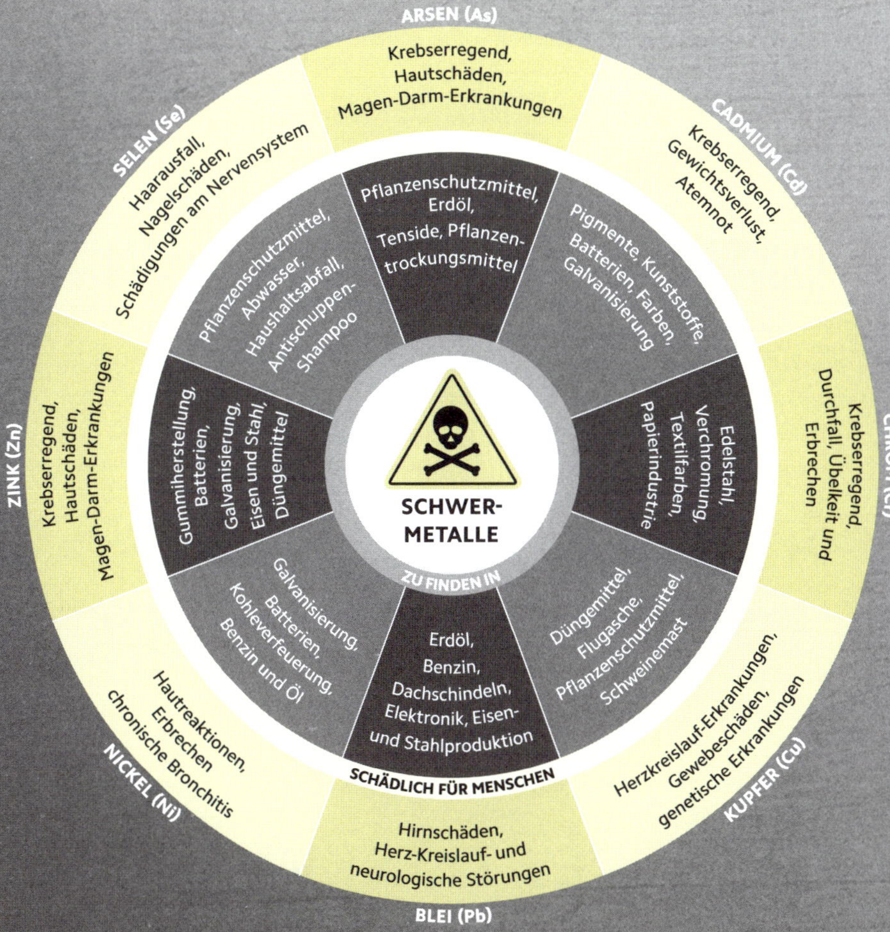

GIFTIG, ABER WICHTIG

Schwermetalle haben eine hohe Atommasse und im Verhältnis zu Wasser eine hohe Dichte. Sie sind in den unteren Reihen des Periodensystems (siehe S. 14–15) zu finden. In der Elektronik und den Materialwissenschaften finden sie zahlreiche Anwendungen. Viele Schwermetalle sind jedoch schon in geringen Mengen außerordentlich giftig und sie reichern sich im Körper an. Ihre Verwendung ist stark reguliert.

NUKLEARES VERMÄCHTNIS

Kernkraftwerke wandeln die durch die Kernspaltung freigesetzte Energie in Strom um. Bei den mehrstufigen Kernreaktionen wird jedoch auch ein extrem gefährlicher radioaktiver Abfall erzeugt, der noch Jahrtausende weiter strahlt. In Wiederaufbereitungsanlagen werden daraus radioaktive Elemente rückgewonnen. Der Atommüll, zu dem abgebrannter Brennstoff, kontaminierte Reaktorteile und selbst Kleidung gehören, muss in fest versiegelten Behältern tief unterirdisch gelagert werden. Da der fortschreitende radioaktive Zerfall (siehe S. 21) starke Hitze erzeugt, muss kontinuierlich gekühlt werden.

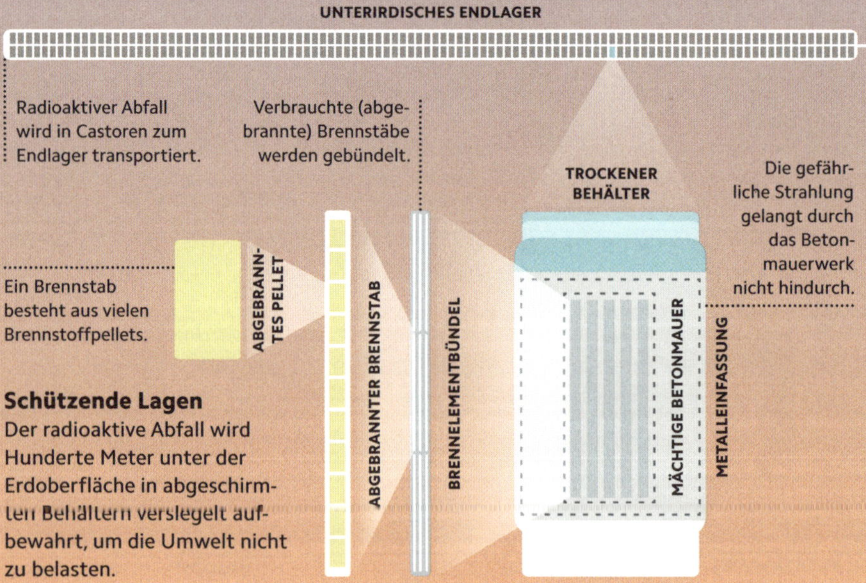

Schützende Lagen
Der radioaktive Abfall wird Hunderte Meter unter der Erdoberfläche in abgeschirmten Behältern versiegelt aufbewahrt, um die Umwelt nicht zu belasten.

KLEINE PILLE, GROSSE WIRKUNG

Über 90 Prozent aller Arzneimittel sind niedermolekulare Wirkstoffe, die wir in Tablettenform zu uns nehmen. Da sie im Verdauungssystem kaum abgebaut werden, gelangen sie durch die Dünndarmwand ins Blut. Diese niedermolekularen Moleküle haben eine Molekülmasse, also die Atommasse von allen Atomen im Molekül zusammengerechnet, von nicht mehr als 500 Gramm pro Mol. Moleküle dieser Größe treten durch die äußeren Zellmembranen hindurch, um in die Zellmaschinerie von fehlerhaften Zellen einzugreifen.

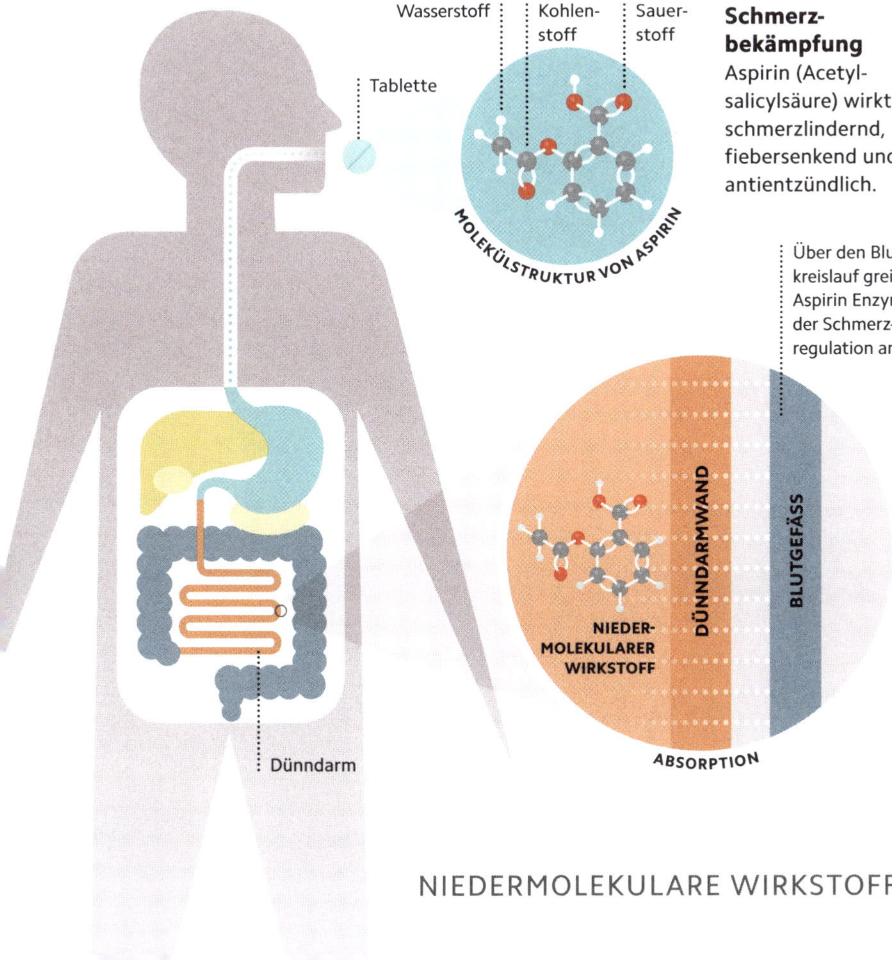

Schmerzbekämpfung
Aspirin (Acetylsalicylsäure) wirkt schmerzlindernd, fiebersenkend und antientzündlich.

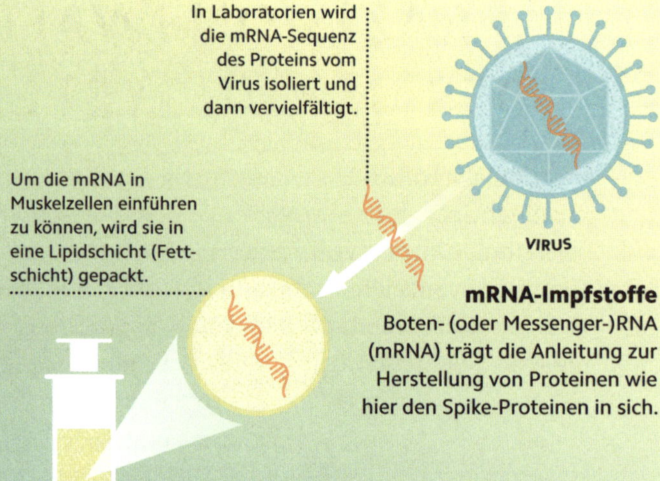

mRNA-Impfstoffe
Boten- (oder Messenger-)RNA (mRNA) trägt die Anleitung zur Herstellung von Proteinen wie hier den Spike-Proteinen in sich.

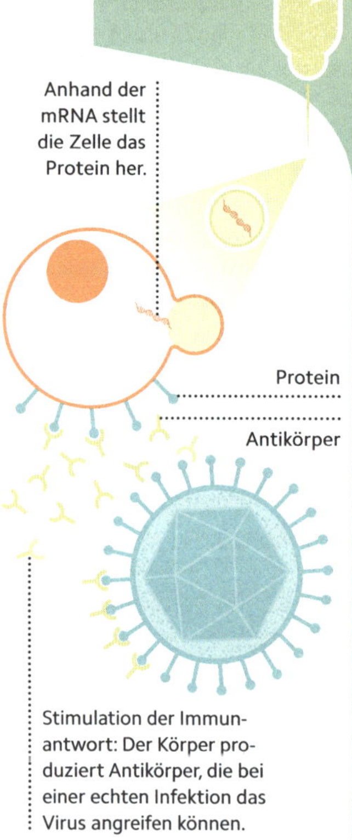

CHEMISCHE ABWEHR

Wenn ein Pathogen, zum Beispiel ein Keim oder Virus, in den Körper eindringt, erkennt der Körper anhand von Markermolekülen (Antigenen) die Art des Eindringlings und löst eine Immunantwort und die Produktion von Antikörpern aus. Bei einem noch unbekannten Antigen dauert es eine Zeit, bis sich das Immunsystem auf das Pathogen eingestellt hat, sodass die Person erkrankt. Impfstoffe ermöglichen dem Körper, das Pathogen ohne den krankmachenden Teil kennenzulernen und Antikörper zu produzieren. Bei einer späteren Infektion kann das Immunsystem das Pathogen sofort bekämpfen. Impfstoffe beugen daher den Symptomen vor.

PRÄZISIONSWAFFE DES IMMUNSYSTEMS

Jede Zelle ist auf ihrer Oberfläche mit einer Vielzahl von kleinen, individuellen Molekülen übersät, den Antigenen. Antigene sind zelltypspezifisch und dienen dem Körper als Kommunikationshilfe und zur Regulierung von biochemischen Prozessen wie Wachstum und Proteinproduktion. Auf diese Zellkennung bauen Therapien auf, die nur gegen bestimmte Zellen, etwa Krebszellen, gerichtet sind. Da für jedes Antigen genau ein bestimmter Antikörper passt, kann der Antikörper einen Wirkstoff spezifisch in seine Zielzellen einschleusen.

Zielgerichtete Behandlung
Monoklonale Antikörper sind künstlich hergestellte, exakte Kopien eines Antikörpers, für den ein bekanntes Antigen existiert.

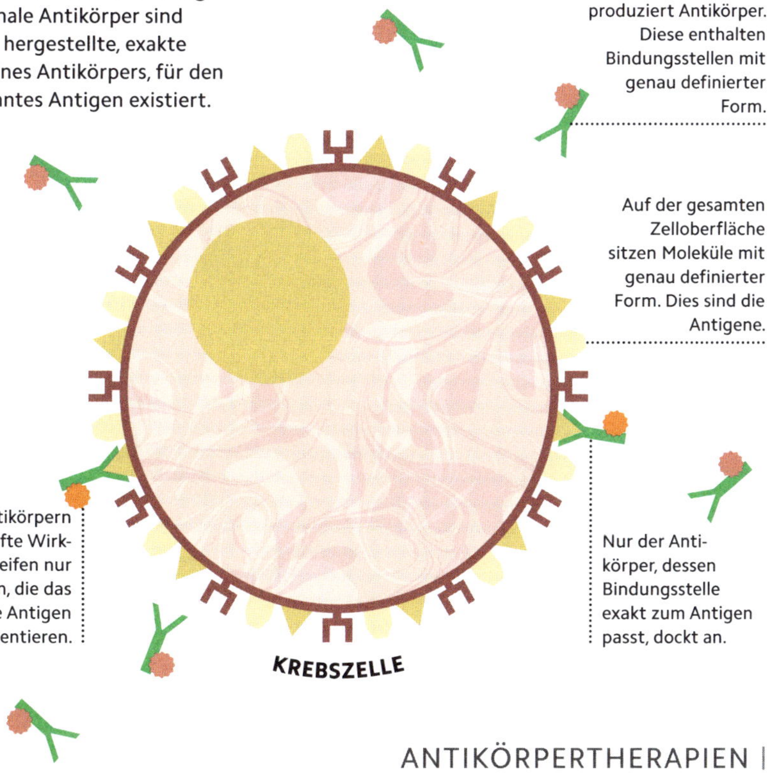

ERREGERGEGENWEHR

Mit der Entdeckung der Antibiotika revolutionierte Alexander Fleming 1928 die Medizin. Nun standen Wirkstoffe zur Verfügung, die bakterielle Infektionen wie Tuberkulose, Keuchhusten und Hirnhautentzündung wirksam bekämpfen konnten. Antibiotika unterbrechen wichtige Zellprozesse von Bakterien. Viele Bakterienstämme widerstehen jedoch mittlerweile gängigen Antibiotika, sodass sie bei Infektionen nicht mehr wirken. An der Bekämpfung von Antibiotikaresistenzen wird intensiv geforscht.

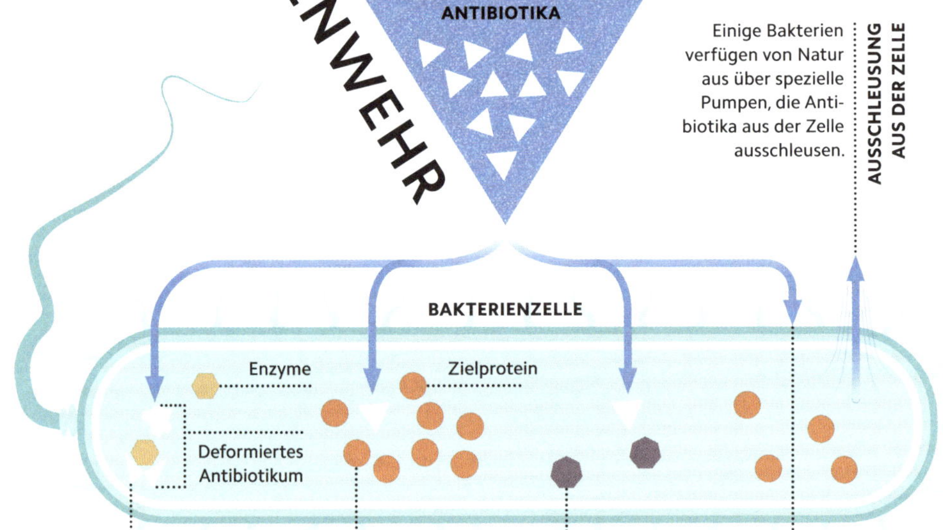

AUSSCHLEUSUNG AUS DER ZELLE
Einige Bakterien verfügen von Natur aus über spezielle Pumpen, die Antibiotika aus der Zelle ausschleusen.

FORMÄNDERUNG IM ANTIBIOTIKUM
Enzyme deformieren oder inaktivieren das Antibiotikum, um ein Andocken zu verhindern.

ÜBERPRODUKTION DES ZIELPROTEINS
Die Zelle produziert zu viele Zielproteine um vom Antibiotikum geschädigt zu werden.

MUTATION IM ZIEL
Mutationen verändern die Struktur des Zielproteins. Das Antibiotikum kann nicht mehr binden.

MUTATION IN DER ZELLWAND
Verschiedene Schichten verhindern, dass manche Antibiotika in die Zelle eindringen.

Sequenzierung nach Sanger

Nach der Methode von Sanger wird die Basenreihenfolge während der Replikation Base für Base ausgelesen.

TEILEN DES STRANGS

Die DNA wird in ihre beiden Stränge getrennt und in vier Gefäße gegeben. In jedes Gefäß kommen sowohl die normalen Basen als auch jeweils ein Anteil einer markierten Base (G*, C*, A* oder T*) hinzu.

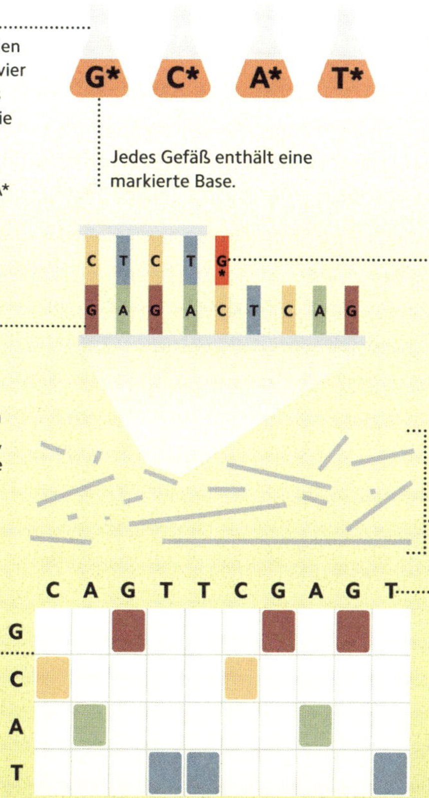

ERSTELLUNG VON KOPIEN

Durch Enzymkatalyse werden viele Kopien des Teststrangs hergestellt. Dabei werden freie Basen nacheinander angehängt, bis die markierte Base die Reaktion stoppt.

Ein markiertes G verhindert die Anlagerung von weiteren Basen.

Jede markierte Base stoppt die weitere Kopieerstellung. Es entstehen DNA-Fragmente verschiedener Länge.

KETTENABBRUCH

AUSLESEN DER DNA

Die Stränge werden nach ihrer Länge sortiert und ein Computer liest an den Kettenenden die markierte Base aus.

Eine Software stellt die Informationen über die Nukleotidketten in den vier Gefäßen zu einer Gesamtsequenz zusammen.

DEN CODE AUSLESEN

Die Reihenfolge der vier Nucleobasen Adenin (A), Thymin (T), Cytosin (C) und Guanin (G) in der DNA codiert die gesamte Erbinformation eines Lebewesens. An der Basenreihenfolge - der DNA-Sequenz - lässt sich die Funktion von Genen und die Auswirkung eines Basenaustauschs ablesen. Für die Analyse stehen verschiedene Methoden zur Verfügung, von Schnelltests auf DNA-Fragmente bestimmter Gene bis hin zu komplexen Maschinerien, um ganze Genome zu sequenzieren.

SCHNELLE TESTS

Immunologische Tests werden zur Schnelldiagnose einer bestimmten Substanz in flüssigen Proben verwendet. Die Tests enthalten ein Saugkissen mit Konjugatmolekülen, die mit der Zielsubstanz reagieren und das Konjugat »markieren«. Die markierte Substanz heftet sich dann an Moleküle auf der Testlinie im Beobachtungsfenster an und wird als farbiger Strich sichtbar.

Schnelltests
Immunologische Tests liefern in Minutenschnelle ein Ergebnis, etwa den Nachweis einer Schwangerschaft oder einer Corona-Erkrankung.

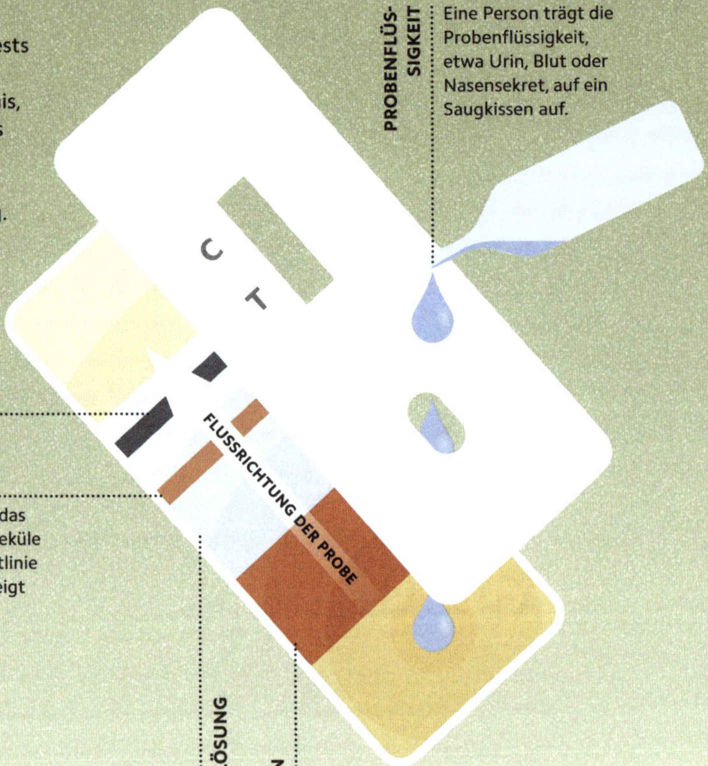

PROBENFLÜSSIGKEIT
Eine Person trägt die Probenflüssigkeit, etwa Urin, Blut oder Nasensekret, auf ein Saugkissen auf.

Überzählige Konjugatmoleküle heften sich an die Kontrolllinie und zeigen somit, dass der Test funktioniert.

KONTROLLLINIE

TESTLINIE

Nur die konjugierten, das heißt markierten, Moleküle heften sich an die Testlinie an. Ein Farbwechsel zeigt die Zielmoleküle an.

KONJUGATLÖSUNG
Die Konjugatmoleküle binden an die Zielsubstanz und wandern mit der Flüssigkeit in Richtung der Testlinie.

SAUGKISSEN
Die Flüssigkeit wird von einem Saugkissen aufgenommen und vermischt sich mit den dort enthaltenen Detektionsmitteln (Konjugaten).

Virusvektoren
Neue DNA kann nicht direkt in eine Zelle eingeschleust werden. Gentherapeutische Verfahren setzen daher modifizierte Viren ein, um korrigierte Gene gezielt in den Zellkern zu bringen.

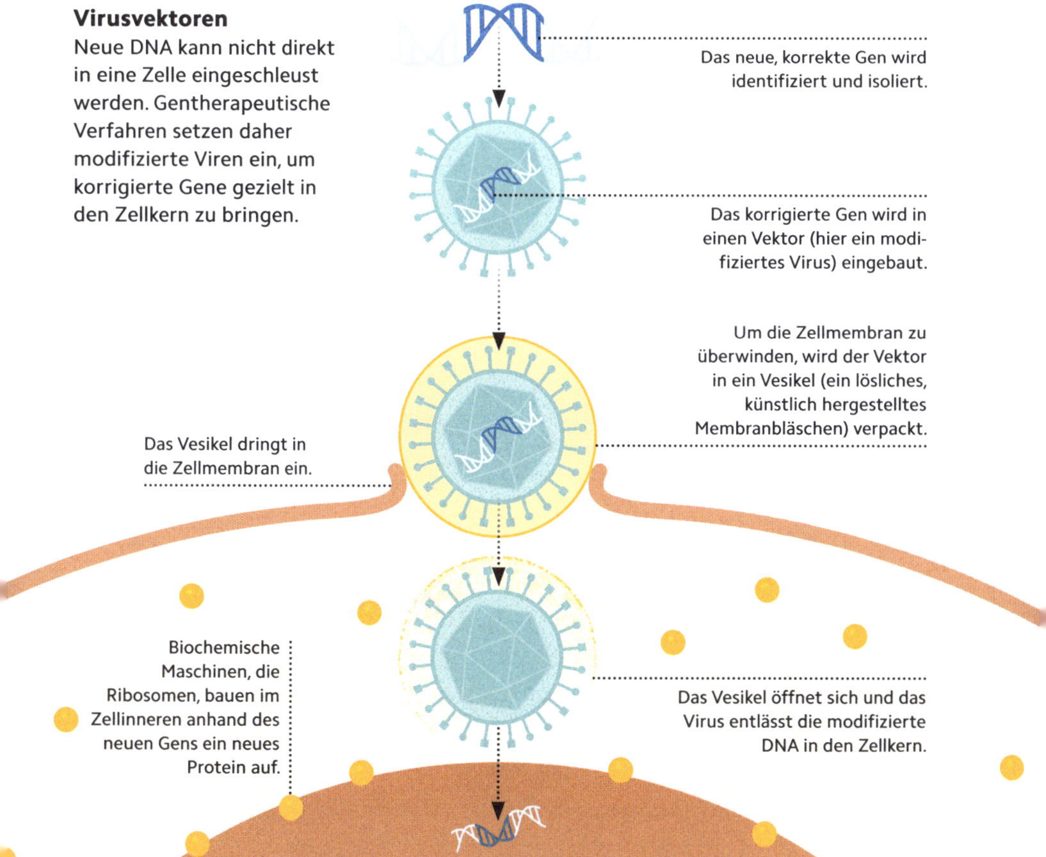

MIT CHEMIE ZU GESUNDEN GENEN

Mutationen oder Variationen im Erbmaterial wirken sich auf die Produktion von wichtigen Zellbestandteilen aus und können fehlerhafte oder fehlende Proteine zur Folge haben. Solche Defekte manifestieren sich in Erbkrankheiten wie zystische Fibrose oder Sichelzellenanämie. Bei der Gentherapie werden normale, gesunde Genkopien in die betroffenen Körperzellen gebracht, um die korrekte Funktion wiederherzustellen.

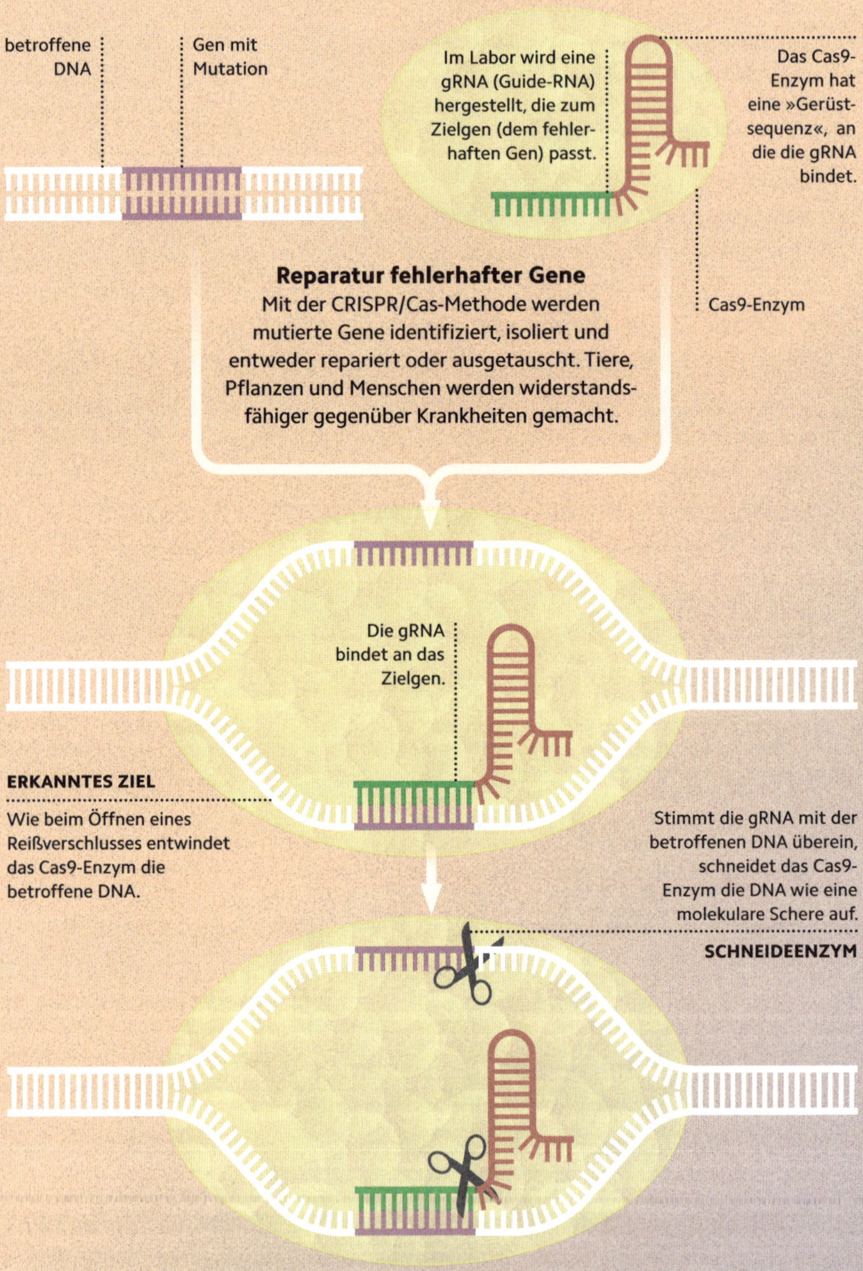
betroffene DNA
Gen mit Mutation
Im Labor wird eine gRNA (Guide-RNA) hergestellt, die zum Zielgen (dem fehlerhaften Gen) passt.
Das Cas9-Enzym hat eine »Gerüstsequenz«, an die die gRNA bindet.
Cas9-Enzym
Reparatur fehlerhafter Gene
Mit der CRISPR/Cas-Methode werden mutierte Gene identifiziert, isoliert und entweder repariert oder ausgetauscht. Tiere, Pflanzen und Menschen werden widerstandsfähiger gegenüber Krankheiten gemacht.
Die gRNA bindet an das Zielgen.
ERKANNTES ZIEL
Wie beim Öffnen eines Reißverschlusses entwindet das Cas9-Enzym die betroffene DNA.
Stimmt die gRNA mit der betroffenen DNA überein, schneidet das Cas9-Enzym die DNA wie eine molekulare Schere auf.
SCHNEIDEENZYM

GENSCHERE IN AKTION

Die Methode zur Genom-Editierung durch CRISPR/Cas9 wurde aus einer biochemischen Immunantwort von Bakterien abgeleitet. Sobald ein Virus eine Bakterienzelle infiziert, führt ein kleiner, sich wiederholender Abschnitt der DNA, die Clustered Regularly Interspaced Short Palindromic Repeats (CRISPR), das Enzym Cas9 zur viralen Sequenz hin und das Enzym schneidet die Stelle aus. Die Kombination aus CRISPR-Sequenzen und Cas-Enzymen erwies sich im Labor als geeignet, um Genome aller Lebewesen zu schneiden und zu editieren – und somit auch den Code des Lebens umzuschreiben. CRISPR-Therapieverfahren werden entwickelt, um Patientinnen und Patienten durch die Reparatur von fehlerhaften Genen dauerhaft von Erbkrankheiten zu heilen.

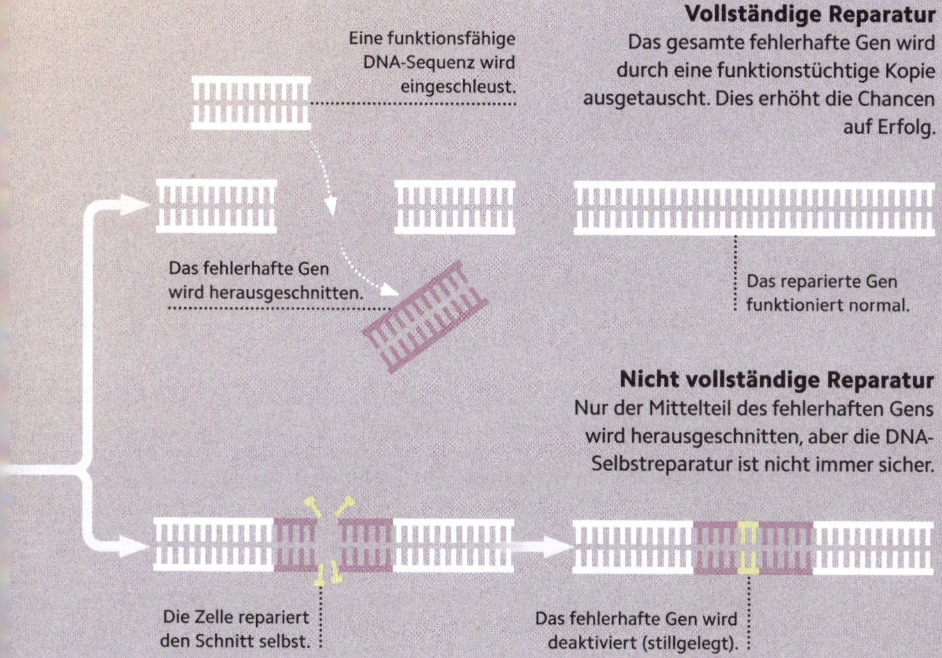

Reines und dotiertes Silicium
Reines Silicium ist ein Halbleiter: Von sich allein leitet es den elektrischen Strom kaum. Deshalb muss es mit anderen Elementen versetzt (dotiert) werden.

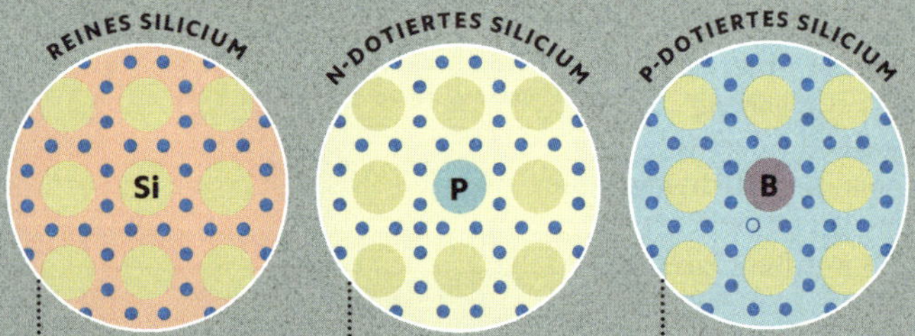

Ein Siliciumatom hat vier Elektronen in seiner äußeren Elektronenschale.

Phosphoratome erhöhen die Anzahl Elektronen (n-Dotierung).

Boratome verringern die Anzahl Elektronen (p-Dotierung).

STROM-SCHALTER

Halbleiter leiten elektrischen Strom besser als Isolatoren, etwa Glas, aber nicht so gut wie Leiter, etwa Metalle. Natürliche Halbleiter sind Werkstoffe wie zum Beispiel Silicium, deren leitende Eigenschaften durch absichtliche kleine Unreinheiten (Dotierung) verändert werden. Aus Halbleitermaterialien werden Dioden erzeugt, die den elektrischen Stromfluss steuern, sowie Transistoren, die beim Anlegen einer kleinen Spannung als Schalter dienen.

n-dotiertes Silicium hat »Extra«-Elektronen – und somit eine negative Gesamtladung.

p-dotiertes Silicium hat Elektronen-»Löcher« – und somit eine positive Gesamtladung.

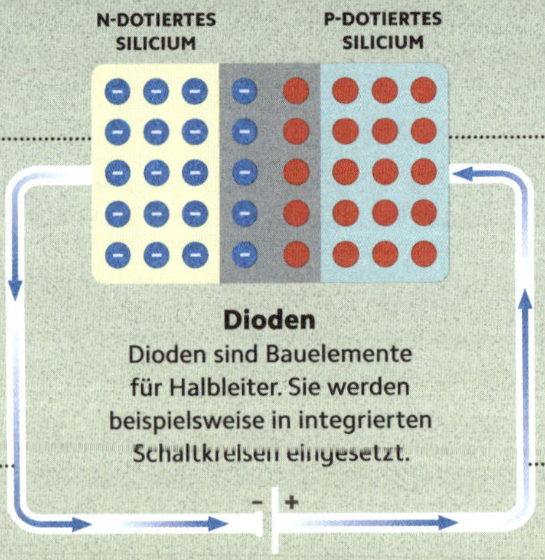

Dioden
Dioden sind Bauelemente für Halbleiter. Sie werden beispielsweise in integrierten Schaltkreisen eingesetzt.

Bei Stromzufuhr wandern die Elektronen vom n-dotierten zum p-dotierten Silicium.

Dioden funktionieren nur in eine Richtung. Damit entschärfen sie etwa Spannungsspitzen.

Helles Pixel
Ohne Spannung lässt der Filter das polarisierte Licht hindurch und wir sehen ein »weißes« Pixel.

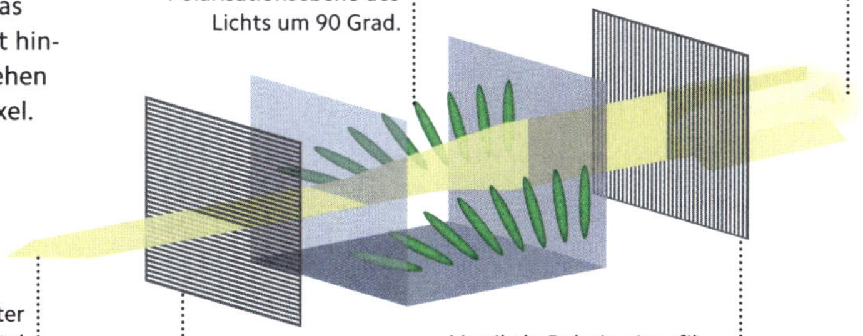

Dunkles Pixel
Wird an den Bildschirmpunkten eine Spannung angelegt, verdunkeln einige Pixel und es entsteht ein Bild.

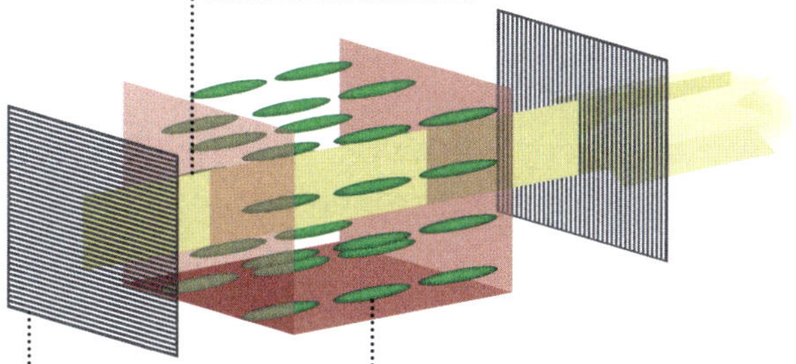

DISPLAYSTRUKTUREN

Flüssigkristalle sind chemische Verbindungen, die weder in fester, noch in flüssiger Form vorliegen. Obwohl sie eigentlich flüssig sind, verhalten sie sich auch wie Kristalle. So sind sie fließfähig, aber die Moleküle lagern sich in einer geordneten, gewendelten Struktur zusammen. Flüssigkristallanzeigen (LCDs) bestehen aus Blöcken (Pixeln) von Flüssigkristallen, die spannungsgesteuert entweder transparent oder lichtundurchlässig erscheinen.

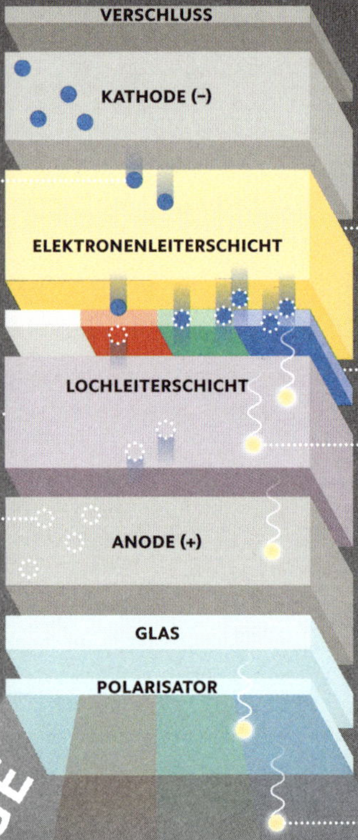

HELLERE, GRÜNERE ANZEIGE

Dank der organischen lichtemittierenden Dioden (OLEDs) werden Bildschirme von Mobiltelefonen, Laptops und Fernsehern immer flacher und biegsam. OLEDs sind aus organischen Halbleiterschichten (siehe S. 148) aufgebaut, in denen unter Spannung ein Ladungsgefälle entsteht. Die erzeugten negativen und positiven Ladungen rekombinieren in der Mittelschicht. Dabei senden sie rotes, blaues oder grünes Licht aus. Anders als LED- und LCD-Anzeigen (siehe S. 149) benötigen OLED-Bildschirme keine Hintergrundbeleuchtung. Sie sind daher sehr energieeffizient.

KLEINER PUNKT, VIEL EFFEKT

Quantenpunkte sind winzige kristalline Halbleiter, die durch chemische Prozesse auf bestimmte Eigenschaften hin gezüchtet werden. Mit einem Durchmesser von zwei bis zehn Nanometern geben die Quantenpunkte ihren Elektronen so wenig Raum, dass diese diskrete Energieniveaus einnehmen müssen. Da die Lücke zwischen den Niveaus gezielt eingestellt werden kann, finden Quantenpunkte in nanotechnologischen Anwendungen sowie in der Medizin, etwa der Targeted Drug Delivery, Einsatz.

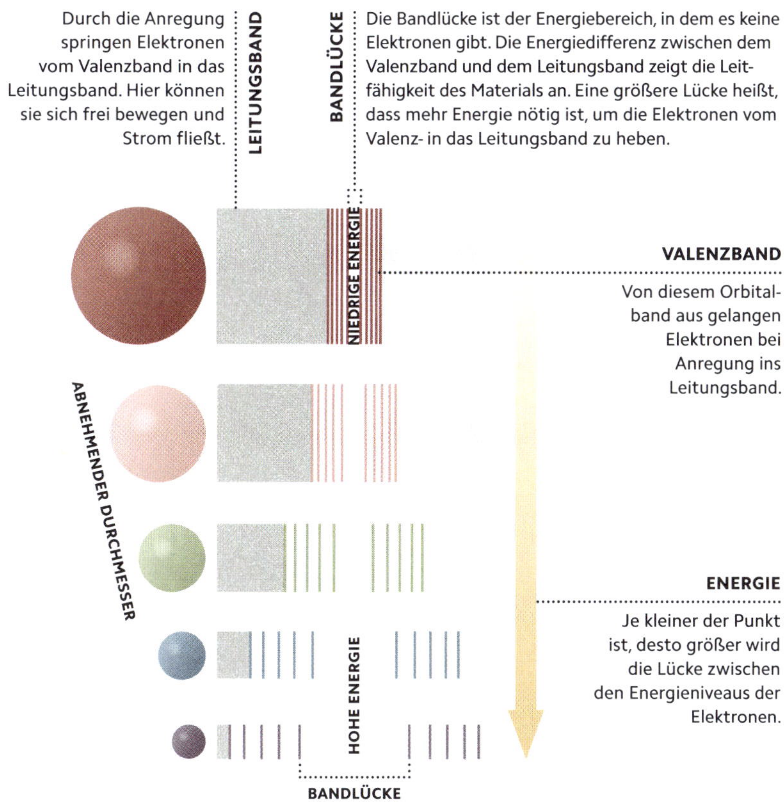

CHEMISCHE GASWÄSCHE

Abgase aus Fabriken und Kraftwerken befeuern die Klimakrise (siehe S. 120–121). Eine chemische Gaswäsche kann die Treibhausgasemission verringern. Die Abgase werden durch ein flüssiges oder festes Medium geleitet, das die Schadstoffe selektiv aufnimmt (absorbiert) oder löst. Nach Waschen des Mediums werden die Komponenten gelagert oder wiederverwendet.

Kohlendioxidwäsche
Eine Aminlösung (etwa Monoethanolamin, MEA) wäscht das Kohlendioxid (CO_2) aus den Abgasen.

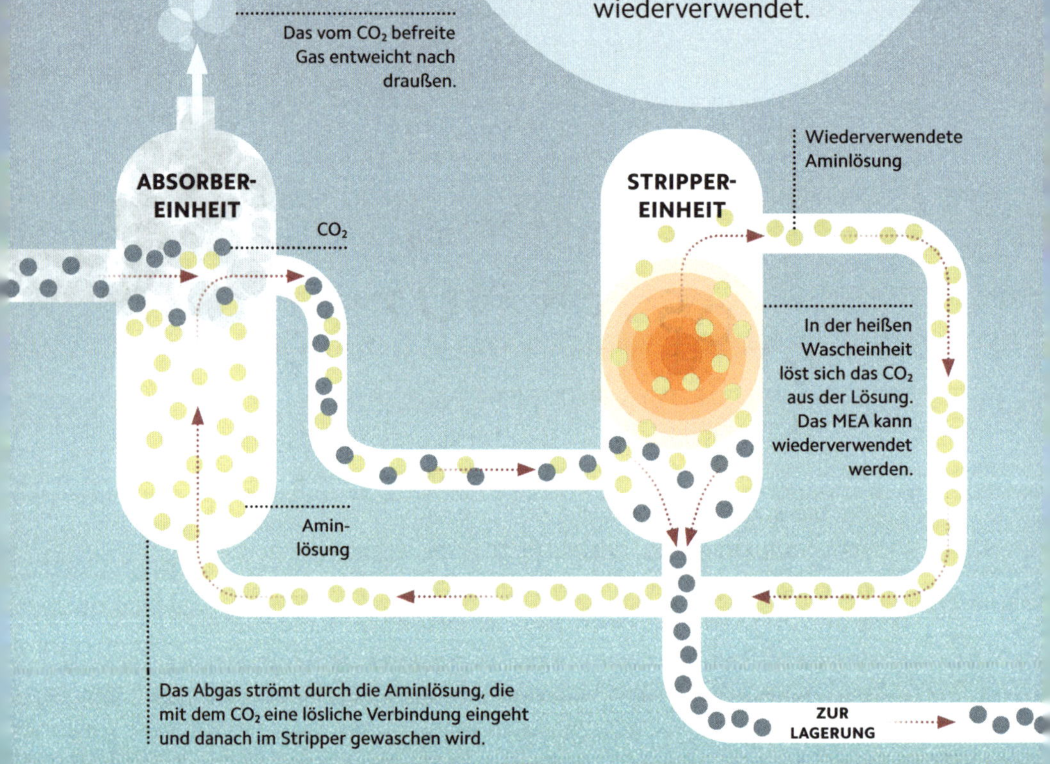

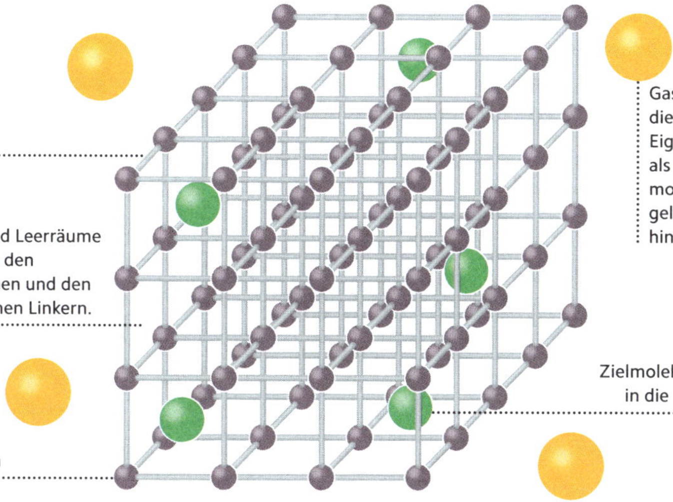

Kristalline Verbindungen
MOFs bilden ein Gitter aus Metallionen und organischen Verbrückungseinheiten (Linker, Streben). Die Gasmoleküle des Zielgases wechselwirken mit den organischen Linkermolekülen und heften sich an die Poreninnenflächen.

KLEINE LÖCHER, GROSSER NUTZEN

Poröse kristalline Werkstoffe haben durch Milliarden kleiner Löcher eine riesige Oberfläche. Sie absorbieren leicht Gase wie Wasserstoff oder Kohlendioxid, wobei die Nanostruktur wie ein Schwamm wirkt. Solche porösen Materialien können auf die Reaktion mit bestimmten Molekülen zugeschnitten werden. So lassen sich Porengröße und -zusammensetzung von metallorganischen Gerüstverbindungen (MOFs) sehr genau einstellen, um bestimmte Gase aus einem Gemisch herauszufiltern.

STROM FÜR DIE ZUKUNFT

In Lithiumionenbatterien (Lithium-Akkus) wird Energie durch Reduktion und Oxidation (Redoxreaktion) bereitgestellt. Im Entlademodus oxidieren Lithiumatome an der Anode zu Lithiumionen und Elektronen. Die Elektronen werden abgeleitet und die Ionen wandern durch den Elektrolyten zur Kathode. Während der Aufladung verlassen die Lithiumionen die Kathode wieder und lagern sich erneut in der Anode ein.

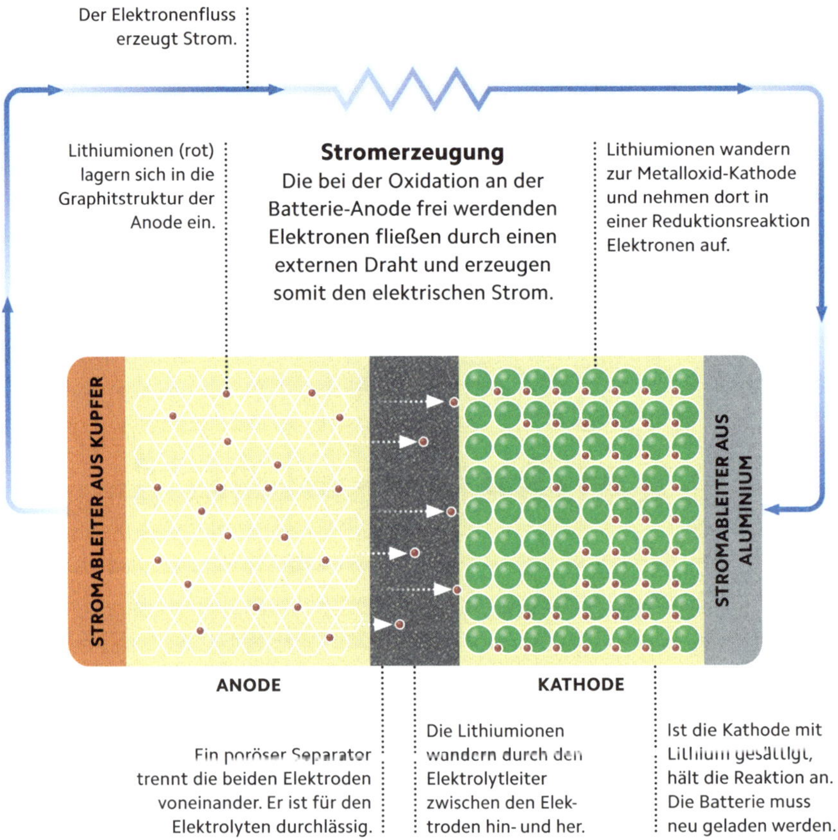

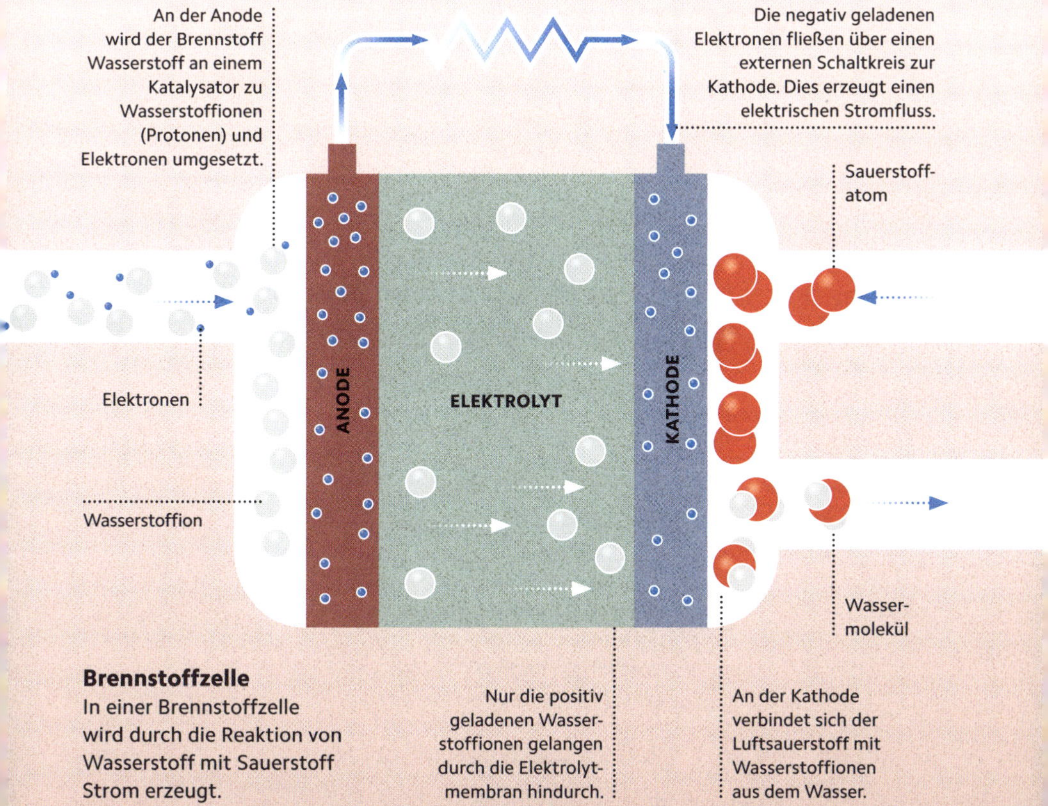

Brennstoffzelle
In einer Brennstoffzelle wird durch die Reaktion von Wasserstoff mit Sauerstoff Strom erzeugt.

TRAGBARE ENERGIE

Brennstoffzellen sind tragbare Stromgeneratoren. Strom wird elektrochemisch durch zwei Redoxreaktion zwischen dem Brennstoff Wasserstoff und Sauerstoff erzeugt. Als einziges Abfallprodukt entsteht Wasser. Brennstoffzellen versprechen saubere Energie, aber sie sind nur dann wirklich emissionsarm, wenn der Wasserstoff durch Elektrolyse von Wasser (siehe S. 69) erzeugt wird. In der Regel wird Wasserstoff noch durch die Reaktion von Erdgas mit Dampf oder bei der Kohlevergasung produziert, wobei große Mengen Kohlendioxid entstehen.

REGISTER

Fett gedruckte Seitenzahlen verweisen auf Haupteinträge.

A

B

C

D

M N

O

P

Q R

DANK

Der DK Verlag dankt Vanessa Bird
für die Erstellung des Registers.

Alle Abbildungen © Dorling Kindersley.

DK LONDON

Lektorat
Bharti Bedi, Hannah Westlake, Miezan van Zyl, Angeles Gavira Guerrero, Georgina Dee

Gestaltung und Bildredaktion
Jessica Tapolcai, Phil Gamble, Clare Joyce, Michael Duffy, Harish Aggatwal, Maxine Pedliham, Phil Ormerod

Umschlaggestaltung
Suhita Dharamjit, Priyanka Sharma Saddi

Herstellung
Andy Hilliard, Meskerem Berhane

Für die deutsche Ausgabe:
Projektbetreuung Dr. Kerstin Schlieker
Herstellungskoordination Bianca Isack
Herstellung Manuela Kneißl

Titel der englischen Originalausgabe:
Simply. Chemistry

Übersetzung Dr. Roswitha Harrer
Lektorat Manuela Kupfer

ISBN 978-3-8310-5372-8
5902-355495-24576-01

Druck und Bindung TBB, a.s., Slowakei

www.dk-verlag.de

Ein Hinweis zu geschlechtlichen Identitäten
Der DK Verlag erkennt alle geschlechtlichen Identitäten an. Nach Möglichkeit wird im Buch eine gendergerechte Sprache berücksichtigt, sofern dies inhaltlich sinnvoll ist bzw. den historischen Fakten entspricht; stellenweise wird aus Platzgründen oder Gründen der besseren Lesbarkeit jedoch das generische Maskulinum verwendet.